南方鹤鸵饲养管理指南

中国动物园协会　组编

李梅荣　主编

中国农业出版社

北　京

图书在版编目（CIP）数据

南方鹤鸵饲养管理指南 / 中国动物园协会组编；李梅荣主编. —北京：中国农业出版社，2023.4
ISBN 978-7-109-30651-6

Ⅰ.①南… Ⅱ.①中… ②李… Ⅲ.①鹤鸵目—饲养管理—指南 Ⅳ.①S839-62

中国国家版本馆 CIP 数据核字（2023）第 071780 号

中国农业出版社出版

地址：北京市朝阳区麦子店街 18 号楼
邮编：100125
责任编辑：王森鹤
版式设计：杨　婧　责任校对：周丽芳
印刷：北京中科印刷有限公司
版次：2023 年 4 月第 1 版
印次：2023 年 4 月北京第 1 次印刷
发行：新华书店北京发行所
开本：700mm×1000mm　1/16
印张：6.5　　插页：6
字数：123 千字
定价：60.00 元

编 写 人 员

主编：李梅荣　南京市红山森林动物园
参编（以姓氏笔画为序）：

　　　牛文会　北京动物园

　　　刘媛媛　南京市红山森林动物园

　　　闫　涛　南京市红山森林动物园

　　　李兴美　南京市红山森林动物园

　　　李俊娴　南京市红山森林动物园

　　　陈　武　广州动物园

　　　陈　蓉　南京市红山森林动物园

　　　赵玲玲　南京市红山森林动物园

　　　桂剑峰　上海动物园

　　　程王琨　南京市红山森林动物园

　　　普天春　北京动物园

校对：李俊娴　南京市红山森林动物园

中国动物园协会鹤鸵物种保护一级项目组成员

非水生鸟类动物管理工作组主席

卫泽珍，太原动物园，1090336323@qq.com

组长及协调人

李梅荣，南京市红山森林动物园，mr1971@126.com

谱系保存人

刘媛媛，南京市红山森林动物园，1043489904@qq.com

序

随着社会经济和生态文明意识不断发展，公众对动物园的动物保护水平和展示方式的认知在不断提高，这对动物园物种饲养管理技术和场馆设计建设水平也提出了更高要求。近十年来，在中国动物园协会的引领下，国内动物园加强了与国外动物园在管理经验和技术领域的交流互鉴，并积极运用于实践中，高效地提升了各方面的技术水平。协会还组织成员单位专家编写行业规范、物种饲养标准和饲养管理手册，为行业的发展发挥了重要作用，为中国动物园行业快速地从传统动物园向现代化动物园转型发展奠定了扎实的基础。

现代动物园的核心职能是野生动物综合保护。以严谨的态度积极提升动物福利水平，为圈养野生动物提供科学、专业的照料是迁地保护的基本要求。野生动物的饲养管理手册是贴近生产实际、多学科交汇融合的综合性技术资料，内容涉及自然史、场馆设施、营养、繁殖、医疗、行为管理等多领域学科的信息，能够以综合性的视角完整呈现野生动物在圈养条件下的各种需求，帮助从业者快速全面地了解所饲养的物种并优化工作。

2017年鹤鸵被列入中国动物园协会物种管理委员会物种保护一级项目组（CCP）管理物种。编写鹤鸵饲养管理指南成为首要工作任务，项目组邀请国内鹤鸵主要饲养单位的专家组建编写团队，在充分调研国内鹤鸵种群现状、饲养管理中存在的问题、亟待解决的困难之后，参考国内外技术资料，融合生产实践中掌握的技术经验，历时 4 年 6 个月，终写成《南方鹤鸵饲养管理指南》。该指南内容翔实，图文并茂，实用性强，将动物园饲养南方鹤鸵所涉及的各个方面做了细致论述。

《南方鹤鸵饲养管理指南》是中国动物园协会饲养管理指南编纂项目里重要的工作成果。相信该指南的出版可以为动物园科学规范地饲养鹤鸵提供良好的借鉴，为国内圈养鹤鸵种群壮大及福利提升提供重要的参考。

沈志军

2022 年 7 月

南方鹤鸵生活于大洋洲大陆东北部及附近岛屿，是雨林旗舰物种，其头部隆起的盔突，以及颈部裸露的蓝色皮肤和红色肉垂，具有很高的辨识度。它不是平胸总目鸟类中体型最大的，但却是最凶猛的。

鹤鸵有400余年的人工饲养历史，截止到2020年，世界上有453家动物园饲养展出鹤鸵1906只，大部分为南方鹤鸵。北京动物园于20世纪50年代开始饲养鹤鸵，是中国最早饲养鹤鸵的机构。至2022年7月，全国动物园鹤鸵饲养单位26家，饲养南方鹤鸵共100只、北方鹤鸵3只。中国动物园有近70年鹤鸵饲养历史，但对鹤鸵物种的研究却显粗浅，可查阅到的研究文献只有寥寥几篇，多数是繁殖行为研究和病例个案报道。多数饲养单位对鹤鸵自然史、笼舍结构、营养需求、性别鉴定、个体识别、繁殖管理、孵化育雏技术等作为物种管理基础知识掌握不全面。部分机构借鉴其他平胸总目鸟类的饲养技术用于鹤鸵的饲养。但鹤鸵与其他平胸总目鸟类相比，栖息环境、消化道结构、食物选择、行为节律、配偶选择有明显差异。

1966年北京动物园在取得国内鹤鸵首次繁殖成功之后的10年间繁殖成活45只，上海动物园亦于20世纪70年代取得了满意的繁殖成绩。但此后的30余年，鲜有繁殖记录。从统计来看，2000年前后从国外引进的数批鹤鸵，已经具备繁殖能力，但绝大多数未对国内鹤鸵种群建设做出贡献。由于自然栖息地的破碎化，野生鹤鸵数量在逐渐减少，澳大利亚已经将鹤鸵列为濒危物种，虽然近几年世界自然保护联盟（IUCN）统计鹤鸵数量有所增加，但种群依然脆弱。开展国内圈养鹤鸵种群的科学管理，进行鹤鸵饲养、繁殖、疾病防控技术的研究，对扩大其圈养种群，减少进口依赖具有现实意义。

2017年6月，中国动物园协会物种管理委员会将鹤鸵列入物种保护一级项目（CCP）管理物种。应物种管理委员会工作要求，鹤鸵CCP项目组组织国内鹤鸵主要饲养单位的专家编写《南方鹤鸵饲养管理指南》。本指南在整理国外鹤鸵饲养技术资料和国内科研成果的基础上，借鉴了实践中行之有效的成功经验。编撰本指南的目的是为鹤鸵饲养机构提高圈养技术提供参考资料，提高从业者对该物种知识的了解，激发人们探索并填补鹤鸵饲养技术的空白。

本指南编写过程中，东北林业大学田秀华、上海动物园袁耀华两位专家提出了宝贵的修改意见，杭州野生动物世界、石家庄动物园、郑州动物园、广州动物园提供了珍贵的图片及视频素材，在此深表谢意！

由于编者能力有限，可借鉴的技术资料不多，有些研究成果还需要在实践中不断检验，去粗取精，去伪存真，疏漏偏差之处在所难免。希望在未来几年，各饲养单位专业人员加入研究队伍，补充完善现有资料。

李梅荣

2022年11月

目 录

MULU

序

前言

第一章 南方鹤鸵物种概述

一、南方鹤鸵的物种分类

南方鹤鸵属鹤鸵目（Casuariiformes）鹤鸵科（Casuariidae）鹤鸵属（Casuarius）。

鹤鸵与非洲鸵鸟、美洲鸵鸟、鸸鹋和奇异鸟（又称几维鸟），共同构成一个亲缘关系较近的松散类群——平胸总目鸟类（无龙骨突）。平胸总目鸟类只有翅膀的痕迹，属于鸟类中不会飞的类群，大约4千万年前，它们由共同的祖先分化而来。鹤鸵英文"Cassowary"起源于巴布亚语"kasu"（有角的）和"weri"（头部）两个词。

在新几内亚（New Guinea）和澳大利亚北部，鉴定出三种鹤鸵——南方鹤鸵（Casuarius casuarius，图1-1、彩图1）、北方鹤鸵（Casuarius unappendiculatus，图1-2、彩图2）、侏鹤鸵（Casuarius bennetti）。

图1-1 南方鹤鸵（双垂鹤鸵）
（供图：周雪阳，2022）

图1-2 北方鹤鸵（单垂鹤鸵）
（供图：丁爱萍，2022）

南方鹤鸵的拉丁名源自马来语"kesuari"。该物种最初由林奈（Carl Linnaeus）在其18世纪的作品《自然系统》（Systema Naturae）中描述为Struthio casuarius，当时命名是依据1758年塞兰岛（Seram）的标本。南方鹤驼已被用多个科学名称描述，所有这些名称现在都被认为是该物种的分类学同义词。

目前，大多数分类学权威人士都认为南方鹤鸵是单型物种。有科学家把该物种分为几个亚种，但很难确认这些亚种鉴定的有效性。

二、南方鹤鸵的形态特征

南方鹤鸵是鹤鸵家族中体型最大的成员，在鸟类中体重仅次于非洲鸵鸟。成年鹤鸵雌性体高约1.7m，体重约65kg；雄性体高约1.4m，体重约50kg。

南方鹤鸵头部裸露，颈部喉咙周围有两个红蓝色的肉垂，肉垂软体部分呈深红色。肉垂随着鹤鸵年龄增长而变长、变大。头顶有高而侧扁的呈半扇状的棕色角质盔突。盔突随着鹤鸵年龄增长而增高。南方鹤鸵的体羽细长呈柳叶状，主要为黑色且富有光泽（图1-3、彩图3）。有些羽毛尖端特化成长的发状细丝，呈针状下垂，疏松呈扇状。羽毛质地粗糙、坚硬，所以它们在密林中快速奔跑而不会被刮伤。南方鹤鸵的腿粗壮有力，腿被羽毛，跗跖部具六角形小鳞片。足有3趾，爪长而尖锐。

图1-3　成年雄南方鹤鸵
(供图：王正平，2022)

雌性和雄性鹤鸵在羽毛和外形上是同型体，肉垂颜色和形态没有明显差异。与成年雄性相比，成年雌性体型较大，角质盔突更长，喙更大，裸露皮肤更加鲜亮，肉垂更大，颜色更加鲜艳。

6月龄之前鹤鸵雏鸟的绒羽呈淡黄色，有黑色纵向条纹，这种羽色在森林地面是很好的保护色。雏鸟头顶有骨甲（未来的盔突），前颈有2个三角形小肉垂。6月龄后纵向条纹完全消失，羽毛呈棕色。12月龄开始逐渐从前往后长出黑色羽毛替换棕色羽毛。24月龄左右棕色羽毛被黑色羽毛完全替换（南方鹤鸵各成长阶段形态见图1-4、彩图4）。

1日龄　　　　　　　　2月龄

4月龄　　　　　　　　8月龄

12月龄　　　　　　　24月龄

图1-4　南方鹤鸵各成长阶段形态
（1日龄、2月龄供图：徐飞，2022；
4月龄供图：田亚琼，2021；8月龄供图：田亚琼，2022；
12月龄供图：王正平，2022；24月龄供图：任玉铭，2022）

三、南方鹤鸵的生理指标

南方鹤鸵常用生理指标见表1-1。

表 1-1　南方鹤鸵常用生理指标

生理指标	雄性	雌性
性成熟年龄	4 岁	3 岁
卵大小	(12.37cm×9.22cm)～(14.17cm×9.6cm)	
卵重量	600～750g，平均700g（$n=13$）	
产卵间隔	(4±1)d（90%，$n=47$）	
孵化期	约 49d	
体温	约 40℃	
呼吸频率	12～20 次（平均 16 次，$n=8$）	

注：呼吸频率相关数据见附录2，心率相关数据见附录3，体重相关数据见附录4。

南方鹤鸵是长寿动物。圈养条件下，南方鹤鸵寿命最长纪录为 61 岁；野生南方鹤鸵年龄达到 40 岁的并不少见。

四、南方鹤鸵的生境、分布及种群现状

（一）南方鹤鸵的生境

南方鹤鸵栖息在茂密的森林中。主要栖息在稠密的热带雨林中，也会出现在热带雨林附近或红树林、沼泽地和稀树草原。它们的生境要求有高密度植物和较广阔的面积。常出现在有新鲜水源的相对平坦的地方。

南方鹤鸵是一种低地鸟类，偶尔出现在较高海拔的地方。在澳大利亚喜欢在海拔 1 100m 之下活动，在新几内亚在海拔 500m 左右生活。

（二）南方鹤鸵的野外分布

北方鹤鸵分布于新几内亚；侏鹤鸵分布于新几内亚及新不列颠（New Britain）；南方鹤鸵分布于新几内亚、巴布亚新几内亚（Papua New Guinea）、塞兰岛（Seram）、阿鲁群岛（Aru Islands）和澳大利亚东北部（图1-5、彩图5）。

　　北方鹤鸵分布　　　　　　侏鹤鸵分布　　　　　　南方鹤鸵分布

图 1-5　鹤鸵分布

（图引自：IUCN，2022）

(三) 南方鹤鸵的种群及现状

1. 南方鹤鸵野外种群

南方鹤鸵是一种生活在森林中的鸟类，不为人类所熟知。1849 年，肯尼迪远征队植物学家 Carron Botanist 首次公布澳大利亚有鹤鸵分布。据 IUCN 估计，野外成年南方鹤鸵个体数量在 20 000～49 999 只（截止到 2018 年 8 月）；野外成年北方鹤鸵个体数量在 10 000～19 999 只（截止到 2017 年 10 月）；野外成年侏鹤鸵个体数量无统计数据（截止到 2016 年 10 月）。

2. 南方鹤鸵保护现状

作为大洋洲的特有物种，鹤鸵这一本土物种在大洋洲具有高度的保护优先权。1992 年版的昆士兰州《自然保护法》规定，湿热带种群的南方鹤鸵为濒危物种，约克角种群的北方鹤鸵为易危物种。1999 年澳大利亚联邦的《环境保护和生物多样性保育法》则将鹤鸵列为濒危。2012 版 IUCN 红色名录将该物种列为易危，2020 版列为无危。

3. 南方鹤鸵面临的主要威胁

尽管从 20 世纪开始，昆士兰北部的开荒速度已大为减缓，但鹤鸵的生境仍以惊人的速度被改变。由于沿海森林被砍伐，用于养殖以及种植甘蔗、水果和其他农作物，鹤鸵的生存形势依然严峻。据分析，鹤鸵种群衰退的主要原因是自然生境消失、破碎和退化，而交通工具的撞击和犬的袭击被认为是昆士兰鹤鸵种群的主要威胁。

从昆士兰州公园、野生生物服务机构、当地政府理事会和对鹤鸵有丰富知识的个人获得的数据，1848—2004 年有 140 例鹤鸵死亡，其中 125 例死亡记录发生于 1986—2004 年，交通工具撞击占死亡数的 49%，犬袭击占 16%，狩猎占 5%，因攻击人类被射杀或迁走的占 3%，电线绞死占 1%，自然原因占 14%，不确定或不可知原因占 12%。1992—2012 年，昆士兰州公园和野生生物服务机构报道了 133 起鹤鸵死亡案例，其中 103 只死于汽车撞击，11 只死于伤病，10 只死于犬袭击，6 只死于不明原因，3 只死于捕捉野猪的陷阱。

五、南方鹤鸵的营养

南方鹤鸵是食果为主的动物。其对水果的选择具有广泛性。南方鹤鸵在森林的地面上觅食，捡食掉落的成熟果实，并能够安全地消化一些对其他动物有毒的水果。南方鹤鸵的繁殖季节通常也是热带水果的成熟季节。

Westcott 等（2008）记录了鹤鸵采食 238 种植物和水果。Bradford 等（2008）通过粪便观察，发现鹤鸵主要采食杜英科（Elaeocarpus）植物，其次是樟科（Lauraceae）植物，再次是桃金娘科（Myrtaceae）和芸香科（Rutaceae）植物。这些植物的种子和果实占鹤鸵食物总量的80%，其他藤本植物的果实占9%，灌木植物的果实和种子占7%，棕榈植物的果实占4%。食物中果实的大小为9.6～50.1mm，平均宽度为24.6mm。食物中种子的大小为0.5～38.1mm，平均宽度为16.3mm。根据南方鹤鸵的生理解剖分析得出，其食物选择范围相对较广且无差异性。粪便分析可知，任何新鲜软果肉的水果均会被南方鹤鸵采食，它也吃鸟卵、鼠类、蛙类、蜥蜴类、菌类，各种植物的叶、种子，有时也会采食泥土和石子。

南方鹤鸵全年会摄入大量的蛋白质以满足其生理需求。观察发现，其粪便中常有动物分解物，说明此前对野生南方鹤鸵食性的研究可能低估了其对动物性食物的需求。

六、南方鹤鸵的繁殖

（一）南方鹤鸵的繁殖特点

虽然野生南方鹤鸵偶尔成群出现，但大部分时间独居，只在繁殖季节（在原产地为每年的6—10月）组成繁殖对。尽管打斗不常发生，但个体间打斗可能导致致命伤害。在两性冲突中，通常是个体较小的雄性遭受更严重的伤害。孵化和育幼期则雄性更加强悍。

南方鹤鸵婚配体制为一雌多雄制。在一个繁殖季，1只雄南方鹤鸵只与1只雌南方鹤鸵配对，并独自承担孵化和育雏任务。雌性则离开雄性寻找新的伴侣。在一个繁殖季，雌南方鹤鸵可与3～4只雄南方鹤鸵配对。1只活跃的雌南方鹤鸵可以产下3～4窝卵，留下不同的雄性在不同的巢址孵化。孵化期45～56d。

南方鹤鸵筑地面巢，巢外径约100cm，巢高5～10cm，一般使用草本植物、树叶、树枝作巢材。巢结构简单，垫巢材是为了隔离地面的潮气或让雨水排出。

雏鸟由雄南方鹤鸵抚育，最长18个月后独立生活。南方鹤鸵3岁性成熟。雄性的繁殖年龄为3～37岁；雌性繁殖年龄为2～40岁。

（二）南方鹤鸵的卵

1. 南方鹤鸵卵的外形特点

南方鹤鸵卵重约700g，卵的大小与雌性个体体型大小、营养状况有关。卵最初的颜色是明亮的豌豆绿色（图1-6、彩图6），但卵的颜色会随着时间而褪色。卵的表面呈粗糙的颗粒状。

图 1-6　南方鹤鸵的卵

（供图：闫涛，2019）

通过对南方鹤鸵、鸸鹋、非洲鸵鸟、丹顶鹤、灰冠鹤和黑天鹅 6 种鸟进行卵力学检测，发现南方鹤鸵的卵在抗压能力（刚度和弯曲的杨氏模量）和承重能力（最大载荷）上，高于鸸鹋，低于非洲鸵鸟（表 1-2）。

表 1-2　6 种卵壳的生物力学分析

物种	最大载荷（N）	刚度（N/m）	弯曲的杨氏模量（MPa）
南方鹤鸵	605.85±25.38	1 614 466.66±147 056.25	39 399.00±3 589.35
鸸鹋	533.27±142.48	1 463 833.33±77 545.10	35 722.00±1 892.85
非洲鸵鸟	1 687.86±250.10**	1 754 733.33±369 996.84	42 821.33±9 028.97
丹顶鹤	402.83±38.90	773 746.66±162 743.96**	18 882.33±3 971.67**
灰冠鹤	236.07±111.22**	636 426.66±246 981.19**	15 530.66±6 026.96**
黑天鹅	111.22±47.23*	636 426.66±246 981.19**	16 176.33±5 769.36**

注：* 为 $P<0.05$，** 为 $P<0.01$。

2. 南方鹤鸵卵壳的微观结构

在平胸总目鸟类中，南方鹤鸵的蛋壳特征无论从层次和形态上，都与鸸鹋非常接近。径向观察南方鹤鸵蛋壳可见表面晶体层约 0.2mm、网状层约 0.2mm、柱状层约 0.58mm、椎体层约 0.2mm。表面晶体层的晶体呈块状，非常有颗粒感。其下是网状层。网状层内的孔穴较鸸鹋小，但数量更多。孔穴的排列较鸸鹋更规则，孔穴基本平行于蛋壳表面排列。柱状层的晶体呈团块状，几乎观察不到柱状层与椎体层的交界。椎体层非常短粗，排列紧密。椎体层的下方可观察到乳突。内表面乳突呈六边形，晶体很大，乳突之间的缝隙较其他三种平胸总目鸟类的宽。乳突上的晶体围绕吸收呈放射状排列，晶体较非洲鸵鸟和鸸鹋粗大而有层次感。

通过离子光谱仪检测南方鹤鸵与非洲鸵鸟、鸸鹋、丹顶鹤、黑天鹅、灰冠鹤6种鸟卵的钙、钠、磷和镁的浓度，差异不显著。

七、南方鹤鸵的行为

（一）南方鹤鸵的日常行为

1. 鸣叫

鸣叫是南方鹤鸵个体间交流的重要方式，其作用是吸引性伴侣、安抚后代、警告其他个体或入侵者。野外观察发现，没有同类互动时，南方鹤鸵很少鸣叫，在211h观察中，其鸣叫频率为0.24次/h。发情期间鸣叫频率为16.4次/h，雌南方鹤鸵鸣叫次数多于雄南方鹤鸵。

2. 梳理

南方鹤鸵经常梳理腿部、尾部和背部的羽毛。打斗后梳理行为明显增多。

3. 采食

南方鹤鸵通常拣食地上的食物，偶尔跳跃采食树上的果实。水果丰产期，南方鹤鸵对水果有很高的选择性，拒绝采食未成熟或过熟的水果。圈养南方鹤鸵有挑食行为。

南方鹤鸵用喙衔起食物，伴随头部和颈部的反向运动，喙部松动，水果到达食道的顶部。采食异形水果时，南方鹤鸵会吞下空气进入食道，这种行为有助于食物快速通过食道到达腺胃。当食物到达颈的底部时，伴随食物的空气会经喙排出。

野生南方鹤鸵白天花费约35%的时间觅食，觅食高峰通常出现在清晨和傍晚。圈养南方鹤鸵采食高峰通常与饲养操作有关。

4. 沐浴

南方鹤鸵喜欢沐浴，有适合条件时全年都会沐浴。为圈养南方鹤鸵提供喷淋或水池，可满足它们的沐浴需求。南方鹤鸵擅长游泳，可提供齐胸深水域涉水的机会。

5. 攻击

攻击是维护领地、争夺食物或配偶、保护后代的基本行为。野生以及圈养南方鹤鸵都有此类行为。南方鹤鸵通常不主动攻击，但对入侵其领地的同类、人类、其他动物，甚至移动的物体（如车辆），让其感到安全受到巨大威胁时，会发起致命攻击。

面对入侵者，南方鹤鸵首先会发出"隆～隆～隆"的声音，以示警告。随后，收缩喉囊（遇到威胁，被动打斗时首先发生该行为）。如果入侵者没有离开，南方鹤鸵会把头高高昂起，蓬起尾部羽毛，使躯体看起来更高大、强壮。然后盯着入侵者缓慢地靠近，或绕着圈靠近，来回走动试探。

如果入侵者离开，则攻击行为停止。如果威胁持续存在，则可能发起攻击，通常头昂起，喙张开，颈部膨胀，翅膀张开，全身羽毛蓬起，发出刺耳的"嘶嘶"声快速往前冲，用胸撞击，用爪踩踢。攻击行为可能产生致命伤害。对较小的生物如昆虫等，主要用爪踩踢，用喙啄咬。

6. 胆怯

感知到威胁后为避免打斗而主动退出，或是经历一场打斗后，失败一方发出"呼噜"声并逃走等都是胆怯行为。有时可以观察到，面对挑衅，弱势一方会表现出胸腹部卧地、头部和颈部缩进躯体似 S 形、使体型看起来更小的胆怯行为。

7. 行为时间分配

野生南方鹤鸵从 7:00—18:00 的行为时间分配如下：20％的时间游走，35％的时间觅食，35％的时间休息，7％的时间梳理，3％的时间为其他行为。在一天中的不同时间段，南方鹤鸵表现出的行为模式多样化，早晨和傍晚则主要表现觅食行为。

与野生南方鹤鸵相比，圈养南方鹤鸵游走用时少 5％，觅食用时少 10％，休息用时多 2.5％，梳理用时多 5％，其他行为用时多 8％（图 1-7，数据来自国外几家饲养机构的 11 只南方鹤鸵）；繁殖季节行为活跃，更多时间用于游走和觅食。

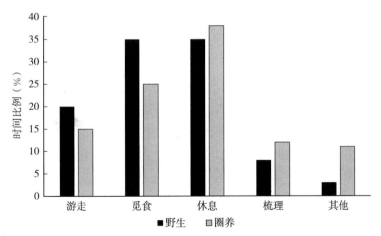

图 1-7　野生和圈养南方鹤鸵行为时间分配对照

（图引自：Bentrupperbäumer，1998）

Bentrupperbäumer（1998）观察发现，野生南方鹤鸵每天在 10h 中约行走 3.8km。圈养南方鹤鸵游走和觅食行为用时较少，因为圈养条件下食物充裕，不必像野外一样长距离行走觅食。

卜海侠等（2015）对 4 只圈养南方鹤鸵观察发现，夏季南方鹤鸵日常行为中休息占 48.19%，走动占 30.4%，觅食占 11.16%，梳理占 7.01%。夏季休息行为高峰出现在 12:00—14:00；走动行为高峰出现在 8:00—9:00。

（二）南方鹤鸵的社群行为

1. 两性间互动

南方鹤鸵是独居动物。成年雌性和雄性只在繁殖期形成配对关系，因为雌性只在繁殖季节能容忍雄性进入它的领地。即使在繁殖季，雌雄间只是尾随、共同觅食，鲜有互动。唯有交尾前，雄性对雌性有梳理羽毛等亲密行为。有些机构的南方鹤鸵可以全年饲养在一起，可能因为它们从小养在一起。

2. 同性间互动

领地临近的两只相同性别的南方鹤鸵通常不会见面，见面后通常会有打斗的倾向。雌南方鹤鸵间的打斗通常发生在领地边界。雄性间的打斗罕见，通常非常短暂，一只飞快地追逐，另一只迅速撤退。圈养观察发现，无论同性还是异性，南方鹤鸵笼舍间的围网均易损坏，多因南方鹤鸵间打斗所致。笼舍间设置严密的视线遮挡可以有效缓解打斗行为。

3. 雌性与后代互动

野外，雌南方鹤鸵和后代之间的交流非常少见，见面意味着攻击。曾有报道说野外自然条件下雌、雄南方鹤鸵共同哺育后代，但非常罕见。圈养条件下，为了降低雏鸟和亚成体的死亡率，雌性与它们的后代通常是分开的，或在有限的空间里进行保护性接触。

4. 亚成体间互动

野生亚成体南方鹤鸵也是独居的。圈养条件下，亚成体之间的互动一般是追逐、打斗，或者互不理睬。采食时，不能融洽相处，各自啄取一块食物后迅速离开，吞下食物后，再回来啄一块食物，如此反复。同笼舍饲养多只亚成体南方鹤鸵时应密切关注它们的行为，一旦发生打斗就应将它们分开饲养。观察发现，亚成体南方鹤鸵 10 月龄开始发生追逐啄咬行为，最迟 12 月龄就应单独饲养。

5. 雏鸟间互动

同一窝雏鸟会相互追逐，竞相采食，这一行为和雏鸡相似。在没有其他同类个体的情况下，观察到它们会踢和踩笼舍内物品，如踢踹笼箱。

6. 种间相容性

由于南方鹤鸵天性好斗，将其他物种与南方鹤鸵同笼饲养是不合适的。在可伦宾（Korumbin）野生动物保护区，南方鹤鸵曾经杀死误入它们运动场的白鹮（*Threskiornis melanocephalus*），一只东部大袋鼠（*Macropus giganteus* Shaw）也受到攻击。澳大利亚新南威尔士戈斯福德（Gosford）爬虫公园将南方鹤鸵和短吻鳄（*Osteolaemus tetraspis* Cope）饲养在同一间笼舍，结果这条短吻鳄吃掉了孵化出的第一只南方鹤鸵雏鸟。弗利野生动物园（Fleay's Wildlife Park）丛林袋鼠和南方鹤鸵饲养在一起相安无事，而引入其他新物种时受到了南方鹤鸵的攻击。

（三）南方鹤鸵的繁殖行为

1. 求偶

在性行为方面，雌南方鹤鸵更加主动。大多数的求偶行为由雌南方鹤鸵发起。雄南方鹤鸵在繁殖期间行为谨慎。刚开始，雌性会驱赶雄性，慢慢地允许雄性靠近，直到接受雄性，并且能在一起采食。在繁殖季节到来之前及在繁殖季节期间，雌性对雄性通常更加友好。

雌性求偶行为主要表现为：更趋向于接近雄性，在雄性面前走动，有时卧地一动不动，有时张开翅膀，头、颈和躯体左右摇摆。

雌南方鹤鸵休息（图1-8、彩图7）和接受交尾（图1-9、彩图8）时其喙指向的位置有些差异。如果雌南方鹤鸵接受交尾，则卧在地上，喙指向地面，静静等待。

图1-8　雌南方鹤鸵休息姿势　　　　　图1-9　雌南方鹤鸵接受交尾姿势
（供图：周雪阳，2022）　　　　　　　　（供图：周雪阳，2022）

2. 交尾

交尾多在清晨进行，其他时间偶尔可见。

交尾之前，雌南方鹤鸵处于俯卧状态，雄南方鹤鸵绕着雌南方鹤鸵转圈，同时颈部皮肤膨胀（图1-10、彩图9），颤抖并发出低沉的"咕～咕～咕"的声音。雄南方鹤鸵站在雌南方鹤鸵身后，用爪抚摸雌性的臀部（图1-

11、彩图 10），躯体前倾，用喙轻触雌南方鹤鸵颈部后侧的皮肤，然后梳理雌性的羽毛，从颈部一直到臀部（图 1-12、彩图 11），最后骑到雌南方鹤鸵后背交尾（图 1-13、彩图 12）。交尾过程中，雄南方鹤鸵躯体左右摇摆。从求偶至交尾结束持续 20～30min。一旦完成交尾，雌南方鹤鸵通常会马上跳起来把雄南方鹤鸵向后掀，雄南方鹤鸵迅速离开。

图 1-10　雄南方鹤鸵交尾之前颈部膨胀

（图引自：Biggs，2013）

图 1-11　雄南方鹤鸵交尾前用爪
抚摸雌性的臀部

（供图：杨晓宇，2018）

图 1-12　雄南方鹤鸵在求偶时梳理
雌性颈部的羽毛

（供图：杨晓宇，2018）

图 1-13　交尾前雄南方鹤鸵骑在雌性后背

（供图：赵玲玲，2017）

南方鹤鸵会在水里游泳、嬉戏，也会在水里交尾。

3. 产卵与孵化

雌南方鹤鸵每产完一枚卵后都会有护卵行为，表现更加警惕，更富于攻击性。产卵行为一般发生在下午和黄昏，雌南方鹤鸵每产完一枚卵后都会有护卵行为，表现更加警惕，更富于攻击性，与之接触更加危险。亦可通过其突然表现出来的警惕行为，判断其是否产卵。孵卵任务由雄南方鹤鸵独立承担。孵化行为多发生于雌南方鹤鸵产了枚卵后，其表现出食欲下降和逐渐稳定的抱卵行为。

4. 育雏

由雄南方鹤鸵独立承担抚育雏鸟任务。雄南方鹤鸵在食物旁边，上下啄击打发出"咔嗒"声，吸引雏鸟注意力；用喙反复衔起食物抛到地上，或用喙把食物捣碎，刺激雏鸟采食。

育幼期间雄南方鹤鸵高度警惕，对任何可能威胁雏鸟安全的外来物都有极强的攻击性。雄南方鹤鸵一般不会远离雏鸟，通过啄雏鸟的头部附近、发出声音或急速奔跑来警告雏鸟有危险。这时雏鸟会快速四散逃窜至附近的草丛等处躲藏起来。危险解除后再聚拢到雄南方鹤鸵身边。

夜间、下雨或休息时，雏鸟通常躲藏在雄南方鹤鸵的胸前、臀部或翅膀的羽毛下，以获得保护。

在自然界中，雄南方鹤鸵抚育幼雏 9～18 个月（通常 14～16 个月）后会将其赶走。

（四）南方鹤鸵的其他行为

1. 领地意识

雄南方鹤鸵具有领地意识，巡逻并保护属于自己和配偶的领地，驱赶入侵者。一只雄南方鹤鸵的领地大小约 $7km^2$。而一只雌南方鹤鸵的活动范围可以与几只雄南方鹤鸵重叠。雄南方鹤鸵低头，从喉咙发出低频的声音，是一种警告和宣示领地的行为。

2. 好奇

南方鹤鸵对出现在其视线范围内有生命或无生命的目标物表现出好奇。表现为缓慢接近或环绕着目标物前进，偶尔会掉头远离。用一只脚前进后退或者来回试探，之后可能是温和的试探性地啄咬。圈养观察发现，南方鹤鸵会大量吞食铺垫在地面的小石子，这也许是一种好奇行为。在饲养管理中，要特别注意限制南方鹤鸵接触能被吞食并可能引起消化道阻塞或损伤的物品。

3. 食粪

野生南方鹤鸵很少有食粪行为，而圈养南方鹤鸵食粪行为很常见。这可能与南方鹤鸵消化道较短，圈养条件下饲料供应充足，食物未充分消化即排出体外有关。也可能因笼舍面积狭小，环境单调，诱发了食粪行为。有人认为，食粪行为与南方鹤鸵季节性的食量增加有关，提示应对饲料供应量进行调整。雏鸟食粪行为也很常见。

4. 刻板

南方鹤鸵是一种行为谱相对简单的物种。圈养条件下其刻板行为主要表现为沿着围栏来回无目的地走动，或投喂之前，快速踱步。笼舍环境单调，缺乏视线遮挡，一成不变的饲养流程是刻板行为养成的主要原因。

（五）南方鹤鸵行为改变的影响因素

外部干扰、体内激素以及气候变化可以引起南方鹤鸵行为明显的改变。

1. 外部干扰

圈养条件下，受周边施工、交通工具等突发噪声干扰，南方鹤鸵会出现快速摇头，长时间张大嘴，快速踱步，有时发出"咕咕"的叫声，食欲下降等焦虑行为。干扰因素消失，焦虑行为即消失；噪声越大，焦虑行为越明显。施工、运输、保定等操作，可引起雌南方鹤鸵发情、产卵推迟（可推迟6个月以上），以及产卵率和受精率下降。

2. 气候变化

圈养条件下，突然降温、下雨，南方鹤鸵会表现食欲下降。持续低温，如0℃以下，其食欲明显下降。突然的一场大雨，会诱发南方鹤鸵沐浴行为。

3. 内分泌变化

进入繁殖季节，南方鹤鸵行为发生一系列变化，主要表现为食欲下降，觅食和游走行为减少，鸣叫频次增加。繁殖季节前期，即发情、交尾期，雌南方鹤鸵的攻击行为显著减少，是一年中最温和的时期；繁殖季进入中后期，即孵化、育雏期，雄南方鹤鸵的攻击行为显著增加，是一年中最危险的时期。

第二章 南方鹤鸵饲养与繁殖管理

一、我国大陆圈养南方鹤鸵种群现状

（一）圈养种群组成现状

根据调查，北京动物园 20 世纪 50 年代有北方鹤鸵的饲养记录，应是我国动物园最早饲养鹤鸵物种的单位。多数动物园从 90 年代开始饲养鹤鸵。截止到 2022 年 7 月的谱系统计与分析，我国大陆共有 26 家单位饲养鹤鸵共计 103 只，其中南方鹤鸵 100 只，北方鹤鸵 3 只。南方鹤鸵雄性 29 只，雌性 28 只，43 只未知性别，未知性别主要为近几年从国外引进和繁殖的个体。从年龄结构来看，0～7 岁 82 只（占 82%），18～22 岁 15 只（占 15%），8～17 岁 2 只（均为 9 岁），23 岁以上个体 1 只（25 岁）。4 岁以上成年个体 72 只，现有 4 个繁殖对，其中 3 对有繁殖后代。从谱系分析可以看出，我国大陆南方鹤鸵是个年轻的种群，有明显的断代现象，需要加强繁殖管理。

（二）圈养种群繁殖现状

20 世纪 60—70 年代，北京动物园繁殖南方鹤鸵 45 只，上海动物园取得人工辅助繁殖和人工孵化技术突破。2015 年以来，南京市红山森林动物园与北京动物园合作繁殖南方鹤鸵，共计获得 35 只后代（数据截止到 2022 年 7 月）。广州动物园与深圳野生动物园的合作繁殖也取得成功。2021 年石家庄动物园取得繁殖成功。多数饲养单位其南方鹤鸵数量维持不变，扩大种群或改善血缘主要依靠从国外进口。

二、南方鹤鸵的笼舍要求

笼舍设计应借鉴南方鹤鸵自然史信息，满足动物生理、社会、心理和日常管理需求；同时充分考虑人和动物的安全。

（一）选址

南方鹤鸵性格机敏，胆小，容易受到惊吓和外界环境干扰。繁殖期受到干扰，其产卵率和受精率下降。南方鹤鸵笼舍要求环境安静，植被丰富，有部分视线遮挡，远离主干道、商业区等噪声大、人流量大的地方；同时，应选择远离猛兽和可能发出巨大噪声的动物笼舍。

（二）空间（面积）要求

南方鹤鸵生性好斗，并且受惊后会快速奔跑，所以要提供较大的场地供其逃避。研究表明，野生成年南方鹤鸵（繁殖期）生活的平均密度为 2.5 只/km²。雌南方鹤鸵活动范围比雄性大，雌性占区面积平均为 860hm²，雄性占区面积平均是 650hm²。已经配对的雌性与雄性的活动范围高度重叠（90%～100%），而同一性别南方鹤鸵的活动范围几乎没有重叠，共享面积小。

大量圈养经验表明，笼舍面积太小不利于繁殖。根据昆士兰野生动物协会的最低标准，1 只成年南方鹤鸵需要 200m² 的饲养面积，每增加 1 只成年南方鹤鸵需要增加 100m²，其他年龄段尚无明确要求。建议单只成年南方鹤鸵饲养面积不低于 150m²，用于繁殖的笼舍面积不低于 200m²。

（三）笼舍布局

笼舍应包括动物饲养区和后勤保障区。动物饲养区包括内舍、外舍（运动场）、缓冲区、孵化区。后勤保障区包括饲料加工室、饲养员工作室、仓库、临时饲养笼（隔离舍、育雏舍）、人工孵化室。

南方鹤鸵个体笼舍应包含一间内舍和一间外舍，内舍和外舍之间有缓冲区。内舍、外舍和缓冲区构成一个笼舍单元。

南方鹤鸵是一妻多夫制。雌性的活动范围可能会包括多只雄性（如 2 雄 1 雌、3 雄 1 雌或 4 雄 1 雌），在同一繁殖期 1 只雌性可能与 2 只或更多的雄性个体交尾。建议繁殖笼舍由 3 组或更多的笼舍单元组成，各笼舍单元的运动场相连，运动场之间可用套塑钢丝网隔障，方便繁殖期雌雄间声音和视觉上的接触。每两个运动场之间设推拉门，便于串笼（图 2 - 1）。

（四）设计要求

1. 内舍

内舍为南方鹤鸵夜间保暖、临时遮雨、隔离或卵孵化的场所。每间内舍面积应不小于 15m²。确保夏季通风良好，冬季可避风保暖，地面可以是水泥地面，但需要在南方鹤鸵休息处配备垫材（如木板、稻草等）。内舍的数量应不少于外舍的数量，保证每只南方鹤鸵有一间内舍，且要预留繁殖发展空间。

2. 外舍

外舍是南方鹤鸵日常活动，以及繁殖期合笼、产卵、孵化、育雏的主要场

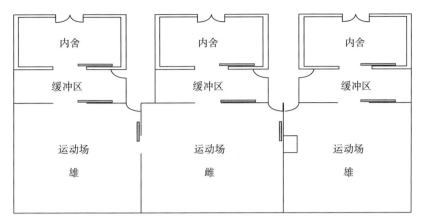

图 2-1　南方鹤鸵笼舍布局示意

(供图：徐翊军，2019)

所。外舍地形要有高低变化，栽植乔木、灌木和地被，有平地、水池。地面以土壤等自然地面为宜，或与生物垫料相结合。

3. 缓冲区

缓冲区介于内舍和外舍之间，用于内外舍打扫卫生、检查维修或健康体检时的隔离操作。也可以作为南方鹤鸵的喂食区、繁殖期的临时隔离区。缓冲区面积应不小于 $10m^2$。

4. 孵化区

孵化区是雄南方鹤鸵孵卵区域，可置于内舍或外舍。若置于外舍，要相对隐蔽，没有明显视觉上的干扰。要置于地势略高、不积水的地方。可在外舍建遮阳棚作为孵化区，面积不小于 $9m^2$，用植物或矮墙庇护。若孵化区置于内舍，要保证内舍环境温度不高于 30℃，否则雄南方鹤鸵会因为环境温度过高而消耗过多的体力，导致其频繁离开孵化区，影响孵化质量。

(五) 隔障

可用墙、玻璃、金属网、金属围栏、干壕沟作为一级隔障。一级隔障的高度必须达到或超过 1.8m。隔障要求游客身体的任何部位不能接触到笼舍内的南方鹤鸵。可在游客与围栏之间种植绿植，拉开游客与南方鹤鸵的距离。隔障应能防止外面的流浪猫、犬穿过隔障进入笼舍。

笼舍的外侧围栏必须结实、耐用，并沿着地表的起伏轮廓建造。围栏或围网可用镀锌钢管或其他类似坚固的材料作支撑柱，金属支撑柱直径应不小于 50mm，支撑柱间距不大于 2m，围栏地基深度不低于 50cm。

金属网宜选用有一定弹性的材料，如套塑编织网、电焊网。钢板网缺乏弹性，且有锋利的棱，不宜选用。网眼大小应以南方鹤鸵头、爪不能完全伸入为宜，否则南方鹤鸵的腿踢入网孔中可能导致骨折、皮肤撕裂、腿部鳞片剥落。网眼太小，亦可能引起喙、爪折断。网眼尺寸以 5cm×5cm 为宜。金属网丝直径应不小于 2.5mm（不含塑料涂层），直径太小可能承受不住成年南方鹤鸵的冲撞。

不建议使用湿壕沟或者电网作为隔障。也不建议使用垂直排列的栅栏，这可能导致南方鹤鸵在冲撞中整个腿部或头部骨折。

（六）通道和门

按照功能分为人员进出通道、南方鹤鸵进出内外舍通道以及大物料（车辆、运输笼等）进出通道三种。每种通道必须要有与之功能相对应的门，可使用卷帘门、平开门、推拉门。操作方式上可用机械操作（如电动门）或手动操作。无论哪种门都应便于饲养员进行手动操作且不会给操作者带来任何风险，同时能有效避免动物逃笼。

笼舍门的设计注意事项：

- 门的位置视野要开阔。进出门时便于观察南方鹤鸵所在的位置。
- 门的操作要简便。多数情况进入南方鹤鸵笼舍要求隔离操作，但特殊或紧急情况下，非隔离的操作不可避免，因此门的设计要求开关轻便，无论在笼舍外面还是里面要能迅速锁定。操作复杂可能带来逃笼或伤害风险。
- 门要结实耐用。门是人进出的通道，容易成为南方鹤鸵攻击的目标。因此门相关的构件，如门网、门框、插销、门轴等部件都要结实。
- 人进出的门应内推设计（推拉门除外），以便遇到紧急情况时，减少南方鹤鸵通过出入口逃笼的机会。
- 南方鹤鸵进出、合笼、转移的门建议采用推拉门。
- 门的规格大小要考虑车辆、运输笼箱进出方便，以便于快速方便地对笼舍进行维护，以及对动物进行转移运输。

（七）植被要求

南方鹤鸵作为雨林物种，对植物的要求比较高，并且南方鹤鸵长期饲养在没有树荫的笼舍内可能会患白内障。在茂密的植被中穿行觅食是其生活常态。丰富的植被遮蔽不仅可以遮阳避雨，也可以遮挡南方鹤鸵彼此之间的视线，给它带来安全感，减少打斗的风险。即使发生打斗，也方便逃跑与隐藏，降低受伤概率。

圈养条件下，尽量提供自然的遮阳和遮蔽处。南方鹤鸵对大型乔木和灌木破坏很小，通常不会借助植物跳跃逃笼。笼舍设计时可模拟南方鹤鸵原生环境，乔木、亚乔木、灌木以及地被植物都可以选用，落叶和常绿树种搭配种植。笼舍区域的绿化率应不低于50％。优先选择果树，如桑树、柿子树等果实柔软多汁的树种，以提供其采食自然食物的机会。

对于幼年南方鹤鸵，建议在笼舍环境设计中增加些低矮灌木和密集的草丛，供其遮蔽身体。

低矮带硬刺的树种不适宜在南方鹤鸵笼舍内种植。

（八）地面要求

在野外，南方鹤鸵生活环境的地面包括沙地、岩石、泥地、沼泽、落叶以及其他的地面覆盖物。圈养条件下，建议使用如细沙、干树皮等柔软、透气、干燥且易于清理的自然材质。

如果南方鹤鸵长时间在硬质地面（如水泥地面）活动，它的爪可能受伤、流血，甚至患掌炎（脚底肿胀，站立困难）。建议80％以上的外舍地面由草地、沙地等柔软、防滑的自然地面或自然材质构成。这样能大大减少南方鹤鸵在行走和奔跑时足、爪受到伤害。不建议使用小石块以及其他光滑的表面垫材（如抛光混凝土、光滑地砖），因为一旦出现表面潮湿或覆盖苔藓的情况，会增加南方鹤鸵受伤的风险。

笼舍地面，尤其是采食区地面要不易积水，便于粪便清理，以减少害虫滋生。

（九）其他保障设施

1. 温控设施

南方鹤鸵的自然栖息地环境温度几乎不低于10℃，不高于37℃，环境通常很潮湿。观察发现，圈养条件下，当外界环境温度低于10℃，其采食量约下降一半；当温度在0℃以下，南方鹤鸵表现发抖、活动减少、晒太阳、寻找避风处或进入内舍取暖，采食亦接近停止；当温度高于33℃时，其呼吸频率加快，张嘴散热，进入水池洗澡降温。冬季气温低于0℃或有霜冻的地区，建议提供内舍并安装加温设施，保证内舍温度在5℃以上；当夏季环境温度高于33℃时，要有遮阳和降温措施，如防晒网、水池或者空调等，在外舍可安装喷淋设施供南方鹤鸵选择使用。

扫描左侧二维码，观看冬季南方鹤鸵适应温度的视频。视频拍摄时环境温度约−5℃，南方鹤鸵出现明显发抖表现。（视频来源：闫涛）

扫描左侧二维码，观看南方鹤鸵洗澡的视频。（视频来源：冼木森）

2. 喂食设施

虽然南方鹤鸵在地面采食比在食盘中采食更容易，但不建议将饲料直接放在地面饲喂。饲喂和饮水设施，应让饲养员不需要进入笼舍即可以完成操作为宜。食盘和水盘应该可以调节高低，便于不同年龄段的南方鹤鸵使用。

3. 供水设施

外舍可设计一条小河或一个水池，供南方鹤鸵洗澡、泥浴，这样有助于南方鹤鸵喜水天性的表达，对南方鹤鸵的羽毛、皮肤也起到一定清洁作用。天气炎热时，还可以起到降温消暑的作用。水池边缘为缓坡，水深以 30～50cm 为宜。

三、南方鹤鸵的日粮和饲喂

（一）南方鹤鸵消化道解剖特点

南方鹤鸵嘴峰短而强壮，具有聚集食物、梳理羽毛等功能；口咽部很大，可以整个吞下较大块的水果；食道很长，由纵形肌组成。南方鹤鸵消化器官的排布与其他平胸总目鸟类相似，但器官的大小有明显差异。南方鹤鸵的砂囊不是一个厚重的肌肉器官，没有像鸸鹋那样的角化蛋白样内膜。砂囊内有一层薄肌肉状内膜，内膜厚度为 (1.5±0.5)cm。南方鹤鸵小肠的直径（＞6cm）比鸸鹋大，这很可能是对大块食物消化的一种适应。南方鹤鸵小肠比鸸鹋小肠明显短很多。平胸总目鸟类有一对盲肠，而南方鹤鸵的盲肠已退化。南方鹤鸵的大肠也比鸸鹋的大肠短。

与其他平胸总目鸟类相比，南方鹤鸵的消化道更短（图 2-2）。种子食性鸟类吞食粗砂帮助研磨食物，而南方鹤鸵的胃是通过推揉方式将果肉与种子分离。食物常常未经充分消化即通过消化道排出体外，甚至水果的果肉完好，种子还具有发芽的能力。这可能有助于它们免受种子中有毒物质的伤害。经统计，亚成体南方鹤鸵其食物通过消化道的时间约为 2.5h（n＝9），成年南方鹤鸵约为 3.6h（n＝7）。随着年龄增长，食物通过消化道的时间变长。

南方鹤鸵有着很高的日粮需求，喜食动物性食物和柔软多汁食物，且食量很大，日摄入量可达自身体重的 10%，这与它的消化道特点有关。

（二）南方鹤鸵的觅食特点

圈养南方鹤鸵的食物范围很广，水果、蔬菜、粮食以及蛋、肉、昆虫都是它

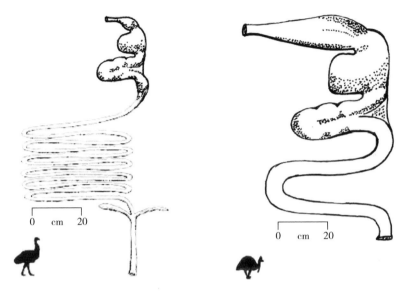

图 2-2　鸸鹋（左）和南方鹤鸵（右）消化道结构对比

（供图：Stevens 和 Hume，1995）

的食物。与质地较硬的块根类饲料相比，它更喜欢柔软多汁的水果和动物性饲料。

进入繁殖季节，南方鹤鸵的采食量出现显著变化。发情交尾期，雌南方鹤鸵产卵期采食量明显下降，但对动物蛋白保持旺盛需求。

观察发现，南方鹤鸵会摄入泥土、种子或果壳。提示其可能需要泥土中的矿物质维持自身的生理需求或是用以充饥。南方鹤鸵采食的石子，通常是直径为7～25mm 且表面光滑的石英和石灰岩。圈养南方鹤鸵的粪便中出现石子是普遍现象。据推测，圈养南方鹤鸵采食小石子可能是野外采食类似大小种子的替代，在前胃中起研磨作用，因为其日粮中的商品化水果缺少这种食物。

（三）南方鹤鸵采食季节性变化规律

南方鹤鸵日采食量与性别、体型、气候、生理状态、饲料构成等因素相关，全年可在0～10kg 波动，通常为5～7.5kg。

繁殖季节到来，随着雌性和雄性南方鹤鸵互动行为增加以及交尾和产卵，采食量均明显下降。有时，南方鹤鸵日采食量不足1kg。孵卵期间，雄南方鹤鸵采食量急剧下降至完全停止。据推测，这与雄南方鹤鸵孵化期间的新陈代谢降低有关。

雌南方鹤鸵产卵结束，其日采食量显著增加，增加量约为1kg，高峰时日采食量可达10kg。雄南方鹤鸵孵化任务完成，进入育雏阶段后逐渐恢复食欲，但食欲恢复缓慢，育雏4个月后食欲迅速恢复至正常水平（表2-1）。繁殖季节过后是体力恢复的重要阶段，应尽量满足动物需求，为其提供优质蛋白饲料，为下一个繁殖季到来做准备。

天气异常变化，如遇突然的降温或连日下雨，南方鹤鸵日采食量会相应减少。

表 2-1　南方鹤鸵采食季节性变化规律参考日均采食量统计结果

月份	雄性日均采食量 (kg)	备注	雌性日均采食量 (kg)	备注
1	3	合笼	4	合笼
2	3	合笼	4	合笼
3	4	合笼	3	合笼＋产蛋
4	0	合笼＋孵化	3	合笼＋产蛋
5	0	合笼＋孵化	4	合笼＋产蛋
6	1.5	育雏	5	独居
7	2.5	育雏	7.5	独居
8	3	育雏	7.5	独居
9	3	育雏	8	独居
10	6	独居	7	独居
11	5	独居	5	独居
12	3	上半月独居，下半月合笼	3	上半月独居，下半月合笼

数据来源：2019 年南京市红山森林动物园一对成年南方鹤鸵。

（四）南方鹤鸵的日粮配给

1. 南方鹤鸵的日粮结构

圈养条件下，南方鹤鸵基础日粮由果蔬类、粮食类及动物性饲料组成，可适当添加部分干果类。苹果、番茄、葡萄、无花果、圣女果、猕猴桃、香蕉、梨、草莓、西瓜、杧果、桃、橙、枣，以及香瓜、胡萝卜、甘薯、黄瓜、青菜、生菜、菠菜等瓜果蔬菜均可选择。可依据当地市场供应情况灵活搭配采购。日粮构成应以水果为主。

动物性饲料可以提供牛肉、马肉、小鼠、鸡蛋、雏鸡、鱼、面包虫等。有些动物园每天都提供动物性饲料，也有的动物园每周添加一次。牛肉、马肉可以用其他优质蛋白饲料替代。有条件的动物园可提供雏鸡、雏鸭、青蛙等饲料。

有些动物园也配给面包、米饭、窝头，以及禽类、鱼类、马属动物、袋鼠的颗粒饲料。南京市红山森林动物园自行配制的米糕（配方见表 2-2，营养成分分析见表 2-3），用于饲喂南方鹤鸵亚成体和雏鸟，效果良好。

表 2-2 南京市红山森林动物园南方鹤鸵米糕配方

种类	比例（%）
玉米粉	39.7
豆粕	30
麸皮	20
鱼粉	8
骨粉	1
石粉	1.3
微量元素	1
总计	100

注：每 100kg 粉料中分别加入 0.5kg 盐、1~5kg 预混料，预混料的添加与动物所处的生理状态相匹配，具体添加量以产品说明为准。此配方为粉料配方，加入适量水混匀后放入模具中成型，放入大火笼屉蒸 80min。一般 100kg 粉料制成 132kg 成品。

表 2-3 米糕混合干粉主要营养成分

混合干粉营养成分	含量
粗水分	15%
粗蛋白	25.2%
粗脂肪	3.3%
无氮浸出物	48.9%
粗纤维	3%
灰分	4.6%
钙	5.7mg/kg
磷	3.0mg/kg

日粮配给过程中应注意：
· 提供禽类饲料时应做好检疫工作，避免疫病传播。
· 大块瓜果需加工成不超过 4cm×4cm 的小块。
· 胡萝卜、甘薯以及一些蔬菜煮熟后饲喂，南方鹤鸵更乐意采食，更易消化吸收。

- 日粮配给不能一成不变，应视季节、气候和动物的发育、食欲、活动状况适度调节。

可提供适量生菜、油麦菜等带叶蔬菜，延长南方鹤鸵采食时间。在外运动场种植柿树、桑树、火棘、棕榈、桂花、构树等结果的树，这些植物的果实可以季节性地丰富饲料种类，丰富南方鹤鸵的觅食行为。

维生素和矿物质对南方鹤鸵的生长、发育和健康必不可少。可将复合维生素和矿物质少量地拌在食物中投喂。和其他动物一样，南方鹤鸵日粮应符合2∶1的钙磷比。同时保证有充足的光照和运动。

提供清洁足量的饮水，有利于南方鹤鸵的身体健康和提升动物福利水平。

2. 成年南方鹤鸵的日粮配给

繁殖季南方鹤鸵的采食量显著下降，产卵/孵化结束后，食欲逐渐恢复。因此，非繁殖季需保证食物的多样性，并保证动物采食充足。在发情初期，将种鸟的身体条件调整到最好的生理状态。

进入繁殖季，根据南方鹤鸵食欲增减，食物投放量相应地增加或减少。无论食欲下降还是增加，都要保证食物的多样性。繁殖期应提供比非繁殖期更多比例的动物蛋白（表2-4至表2-6）。实践证明，非繁殖期牛肉每周提供1次，1次300g，小鼠每周提供5只；发情季开始之前1~2个月牛肉每周提供1次，1次200g，小鼠每周提供10只，南方鹤鸵繁殖可维持良好状态。

表2-4 成年雌南方鹤鸵日粮配料表

食物种类	繁殖期配给量（kg）	非繁殖期配给量（kg）
苹果	4.1	5.5
圣女果	1.1	1.5
番茄	0.3	0.3
葡萄	0.3	0.3
胡萝卜	0.25	0.3
红枣	0.25	0.3
果蔬总量	6.3	8.2
牛肉（每周配给量）	0.2	0.3
小鼠（每周配给量，单位：只）	10	5

注：食物的种类会因为季节的变化有所调整，但以苹果为主，圣女果和番茄为辅，胡萝卜、葡萄、红枣等为丰容食物。春季配给菠萝，夏季配给黄瓜、西瓜，秋季配给冬枣、哈密瓜，冬季配给山芋、梨、橘子等。

数据来源：南京市红山森林动物园。

表 2-5 成年雄南方鹤鸵日粮配料表

食物种类	繁殖期配给量 （kg，孵化期除外）	非繁殖期配给量 （kg）
苹果	4	5.3
圣女果	1	1.5
番茄	0.25	0.3
葡萄	0.25	0.25
胡萝卜	0.25	0.25
红枣	0.25	0.3
多汁饲料总量	6	7.9
牛肉（每周配给量）	0.2	0.3
小鼠（每周配给量，单位：只）	10	5

注：雄南方鹤鸵在孵化期的前 10d 左右有少量进食，15d 以后不采食，直到南方鹤鸵出雏。育雏开始以后，饲料量逐渐增加，以苹果、圣女果为主，逐渐增加食物的种类。育雏 1 个月后雄南方鹤鸵的日粮量可调整为繁殖期的配给量。食物种类随季节变化有所调整。繁殖期小鼠的配给量为每周 10 只，分 5d 喂完；非繁殖期每周配给 5 只，分 2d 喂完。不配给小鼠时，配给新鲜牛肉，繁殖期配给 200g，非繁殖期配给 300g，当天喂完。

数据来源：南京市红山森林动物园。

表 2-6 南方鹤鸵每日配给果蔬营养成分

营养成分	单位	雌性		雄性	
		繁殖期	非繁殖期	繁殖期	非繁殖期
果蔬	g	6 300	8 200	6 000	7 900
水分	g	5 440.85	7 079.65	5 168	6 861.5
能量	kJ	12 504	15 529.5	12 107.5	15 063.5
蛋白质	g	53.3	67.2	51	65.55
脂肪	g	21.55	28.05	20.75	27.15
碳水化合物	g	758.1	942.3	735.25	913.75
膳食纤维	g	112.55	144.5	109.5	140.1
胆固醇	mg	0	0	0	0
灰分	g	26.2	32.8	25	32.05
维生素 A	μg	3 447	4 299	3 295	4 275
胡萝卜素	μg	20 660	25 765	19 750	25 620
视黄醇	μg	0	0	0	0

(续)

营养成分	单位	雌性		雄性	
		繁殖期	非繁殖期	繁殖期	非繁殖期
硫胺素	mg	1.15	1.43	1.075	1.39
核黄素	mg	0.955	1.09	0.9	1.08
尼克酸	mg	12.75	15.45	11.75	15.35
维生素 C	mg	490.5	601	447.5	584.5
维生素 E	mg	78.565	101.49	75.9	98.22
钙	mg	518	616	497.5	607.5
磷	mg	1 007	1 266.5	955	1 238
钾	mg	9 094	11 451	8 682.5	11 169
钠	mg	296.6	362.1	287.75	360.05
镁	mg	480	593	457.5	579
铁	mg	43.75	55.65	42.25	54.05
锌	mg	4.485	5.105	4.2	5.015
硒	mg	47.005	61.64	45.7	59.58
铜	mg	4.445	5.565	4.25	5.4
锰	mg	4.925	6.065	4.725	5.935

3. 南方鹤鸵雏鸟和亚成体的日粮配给

和其他鸟类一样，蛋白质和能量对南方鹤鸵雏鸟和亚成体的生长发育至关重要。随着南方鹤鸵的生长发育，蛋白质、能量的摄入与体重的比例逐渐降低。日粮中的代谢能与南方鹤鸵体重息息相关，建议育雏期日粮中的代谢能为基础代谢能的 4 倍，随着南方鹤鸵生长发育，逐步降低其日粮中的代谢能，成年后可降至基础代谢能的 2 倍。基础代谢能与南方鹤鸵体重、健康状态、运动量等因素相关。在设计日粮配方时均需综合考虑相关因素，注意避免南方鹤鸵育雏期生长速度过快。

常用苹果、番茄等柔软多汁水果和雏鸡料配制雏鸟饲料。南京市红山森林动物园自制米糕代替雏鸡料，采食效果良好。随着年龄的增长，果蔬量增加，雏鸡料或米糕的量逐渐减少。

四、南方鹤鸵的数据记录

成年南方鹤鸵个体外形差异很小，食欲、行为呈季节性变化。因此，坚持记录数据对饲养管理十分重要。通过数据管理，便于准确掌握南方鹤鸵的个体信息、动态信息、健康情况、繁殖进程，为南方鹤鸵的个体识别、繁殖配对、健康管理提供参考。

个体信息主要包括南方鹤鸵的出生时间、育雏情况（人工育雏/亲鸟育雏）、性别、呼名、芯片号、外形特征（详见本章"八、南方鹤鸵的标识、保定与运输"）、性格特点、亲本情况等。

动态信息主要包括气候变化、笼舍维修、植物调整、动物运输、转移笼舍、捕捉、相邻动物变化等，这些变化或操作都可能对南方鹤鸵的行为产生明显影响，应及时记录，需要时便于追溯。

健康状况主要包括定期监测记录南方鹤鸵的体重、评估膘情；记录剩食情况、食物偏好，以及精神、食欲、粪便、外伤、疾病、用药等情况。

繁殖进程主要包括发情、合笼、交尾、产卵、捡卵、孵化、出雏、育雏、分笼等详细信息。繁殖期间的行为变化，受精卵、无精卵以及卵的剖检结果也是记录重点，是采取相关措施的重要依据。

其他应记录的数据还包括丰容、行为训练、血液生理生化指标、个体基因组序列、麻醉、特殊的行为变化等，以及与管理相关的其他信息。

五、南方鹤鸵的圈养繁殖

与鸸鹋、非洲鸵鸟和美洲鸵鸟相比，南方鹤鸵圈养繁殖更加困难。尽管在澳大利亚有不少鹤鸵取得了繁殖成功，个别配对成功的鹤鸵取得了大量的繁殖，但对大多数饲养机构，鹤鸵繁殖率很低。根据动物信息管理系统（ZIMS）2020年末统计数据，全球圈养鹤鸵1 906只，繁殖59只。虽然统计数据不全面，但可从一个侧面反映鹤鸵繁殖受到诸多因素影响。

（一）圈养南方鹤鸵的繁殖条件

1. 圈养环境

南方鹤鸵具有一定适应性。即使在相对面积较小、环境单调的圈养环境下，依然可以保持表面上的健康和活力。大量圈养经验证明，太小的笼舍面积不利于繁殖。昆士兰野生动物协会的最低标准要求单个动物笼舍面积不低于200m²，繁殖配对笼舍面积不低于300m²。

圈养经验表明，南方鹤鸵取得自然繁殖的环境中需要大量植被，提供南方鹤鸵与游客之间，或者繁殖季节雌、雄南方鹤鸵之间，雄南方鹤鸵孵卵期间以及日常休息有更多的视觉屏障，以获得充分的安全感。生活在与其原生环境相似环境中的南方鹤鸵会展示出更多自然行为。

南方鹤鸵是一种神经质动物，受到刺激，可能出现奔跑、撞击围栏、攻击等过激反应，可能导致挫伤、骨折、繁殖行为障碍等不良后果。交尾的过程如果被迫中断，会影响到以后的交尾。动物园的动物，经常被游客打扰或者一直在捕食者的视线中，给繁殖造成困难，所以在南方鹤鸵繁殖季节，应格外关注并且采取措施尽量减少人为干扰。

2. 繁殖年龄

南方鹤鸵的繁殖年龄跨度似乎很大。雄性的繁殖记录是 3～37 岁，雌性的繁殖记录为 2～40 岁。雄性生育力的高峰为 28 岁，雌性为 23 岁。有证据表明，野生南方鹤鸵到 40 岁仍具有繁殖能力。

不鼓励动物过早参加繁殖。建议南方鹤鸵以雌性 5 岁，雄性 6 岁开始参加繁殖为宜。

3. 营养

鸟类获得足够的能量、营养和矿物质以超过其基本需求时才能够繁殖成功。亲鸟的营养状况起着重要的作用，不仅在繁殖季节为自己储存能量，而且还要将营养转移给卵，为胚胎正常发育提供适当的、均衡的营养。充足的营养对于繁殖至关重要，以确保良好的产蛋率、受精率、出雏率及雏鸟的存活率。

野生南方鹤鸵繁殖期与森林果实丰产期相一致，证明营养是决定南方鹤鸵繁殖的重要因素。Bentrupperbäumer（1998）研究表明，野生雄南方鹤鸵大约有 80％每 3 年繁殖 1 次，大约 20％每 3 年繁殖 2 次；而雌性每 3 年中 2 年有交尾行为。圈养条件下营养充足，如能保持繁殖季节南方鹤鸵身体健康，每年都能繁殖，雌南方鹤鸵每年可产 1～3 窝卵。

繁殖季与非繁殖季，繁殖前期、中期和后期，南方鹤鸵的食欲会发生变化。南方鹤鸵的食欲通常是日粮调配的重要指标，应通过观察食欲来增加和减少食物种类和供给量。繁殖前期和中期，增加饲料中蛋白质和添加钙、维生素添加剂，可提高产卵率。

（二）繁殖季节

虽然南方鹤鸵只要环境适宜，在每年的任何时候都可以繁殖，但是野生南方鹤鸵的繁殖季节似乎是 5—11 月，主要的繁殖季节是 6—11 月，正好此时森林里出现了大量丰富的水果，同时多种水果富含高脂肪和高蛋白质。

我国圈养南方鹤鸵发情期集中于 3 月初至 4 月中旬，产卵期为 3—7 月。因我国南北方温度差异较大，故南方鹤鸵产卵期也有差异，南方一般早于北方。

运输、噪声等应激可导致南方鹤鸵产卵节律紊乱，产卵时间推迟，产卵数量减少。

（三）圈养南方鹤鸵的繁殖行为

1. 求偶

圈养观察发现，进入繁殖季节，雌南方鹤鸵更愿意接近雄南方鹤鸵圈舍，靠近雄性圈舍来回走动，对着雄性发出"咕～咕～咕"的叫声，白天的各个时段都能观察到求偶行为，尤其以清晨常见。发情高峰期，雌性看见雄性会做出卧息行为，有时看到饲养员也会做出卧息行为。这是雌南方鹤鸵接受交尾，可以进行引入操作的信号。求偶的过程如果被打断会影响接下来的交尾。圈养南方鹤鸵受到游客或者其他动物的干扰可能会导致无法繁殖，因此繁殖期应尽量减少人为干扰。

2. 交尾

圈养条件下，观察两对南方鹤鸵交尾约持续 3min。交尾完成后有的雌南方鹤鸵会马上跳起来把雄南方鹤鸵向后掀，雄南方鹤鸵会迅速离开。有时交尾完成后雌南方鹤鸵表现平静，雄南方鹤鸵会从容离开。

扫描左侧二维码，观看南方鹤鸵交尾全过程的视频。交尾完成后，雄南方鹤鸵从容离开。（视频来源：闫涛）

张词祖（1981）用食物引诱法人工辅助雌、雄南方鹤鸵交尾，具体做法是：抓住雌、雄南方鹤鸵同时出现发情高潮的时机，刺激其性敏感区，刺激雄性直至其胸部卧跪，生殖器伸出，并发出"哼～哼"的求偶声。雌鸟受刺激后其尾部便卧在指定的位置上并头颈贴地，促成交尾。辅助交尾工作一般需 2～3 人操作，以 1 人为主，当交尾完毕，即迅速将雄性赶出配种笼，因雌性一旦站起，必然发生打斗。人工辅助交尾存在一定风险，应谨慎操作。

3. 筑巢

Bentrupperbäumer（1998）研究发现，雌性似乎对产卵地点并不在意。雌南方鹤鸵的巢通常建在林下植被或者靠近林下植被——可以由灌木丛、密集的再生植被、一大丛草等组成。或者建在一个相对隐蔽的地方，如在大树墩或者原木旁边。

Macgillivray（1917）报道，南方鹤鸵的巢由一层层草和树叶构成，每层直径 90cm，厚 5cm。这些巢材可能由雄南方鹤鸵在整个孵化期从周边收集而来，并非产卵前期建巢。

用一个假南方鹤鸵卵（鸸鹋卵，将其绘成浅绿色）可以改变南方鹤鸵巢的位置。将树叶、粉碎的棕榈叶、泥苔藓和软树皮放在它选定的巢区附近，可以促进它筑巢。但是选择巢材要注意，因为雏鸟和幼鸟往往对小的食物表现出极大的兴趣。Romer（1997）研究表明，提供小屋或遮蔽的场所通常会促进南方鹤鸵在此筑巢，有利于饲养管理。

对已经圈养繁殖成功的两对南方鹤鸵观察发现，雌南方鹤鸵对产卵的地点很随意，一般选择相对僻静的地方，如果前面所产的卵未被取出，接下来的卵会产在前面卵所在的位置，最终产下一窝卵；如果卵被取出，接下来的产卵位置可能改变。雄南方鹤鸵则根据卵所在的位置，就地筑巢。一般根据周边的物料就地选择巢材。饲养管理中可以根据这一习性，将孵化地点安置在室内或室外阴凉、可挡雨的地方。同时提供干草等巢材供其筑巢。

4. 产卵

产完卵后的雌南方鹤鸵会有明显的护卵行为。人或其他动物靠近，则表现出快速奔跑、靠近、踩踢等攻击性行为。可据此做出产卵的判断。

5. 孵化

雌南方鹤鸵产卵10～13d（通常窝里已经有3枚卵）之后，雄南方鹤鸵开始出现食欲下降、在卵周围走动、翻卵、短时间孵卵等孵化行为。雌南方鹤鸵不再产卵后，雄南方鹤鸵表现出更强的攻击性，并将雌南方鹤鸵赶走。此时雌、雄南方鹤鸵应分笼饲养。

孵化行为稳定以后直至出雏，雄性采食、饮水行为几乎停止。孵化后期，晾卵间隙可能会有少量采食。除了试图赶走入侵者以及翻卵、晾卵之外，孵化行为持续进行。

南方鹤鸵自然孵化期相对稳定，一般为45～56d，并且相对小的卵往往先于大的卵出雏。根据经验，雄南方鹤鸵孵化稳定（雌性产最后一枚卵）至第一枚卵出雏一般为45d。然后间隔0～3d陆续出雏，出雏时间可能持续10d。当雏鸟离开孵化巢时，雄南方鹤鸵偶尔会离巢陪护雏鸟，因此孵化行为变得不稳定。第一只雏鸟出壳后10d仍未出雏的卵，转为人工辅助孵化。

如果雄南方鹤鸵孵化时间超过了55d，应该考虑将卵移除，并进行卵的剖检或评估。

6. 育雏

南方鹤鸵是早成鸟，出雏24h左右能站立行走，72h左右在诱导下开始采食。雄南方鹤鸵会通过育雏行为、警告和驱赶捕食者以及诱导雏鸟到安全区域等方式给雏鸟提供保护。在雄鸟带领下雏鸟学会寻找和区分不同食物。

孵化和育雏期间，雄南方鹤鸵均有很强的攻击性。在此期间，直至育雏结束后一段时间，将雌、雄南方鹤鸵同笼饲养会有巨大风险。

圈养环境中，当观察到雄南方鹤鸵对后代有追逐、啄打或者任何攻击行为时，应将雏鸟分开饲养。为了让雄南方鹤鸵尽快恢复体质，参加第二年繁殖，一般育雏 5～6 个月后将雏鸟分开。

（四）圈养南方鹤鸵的繁殖管理

1. 配偶选择

在圈养条件下，往往受限于笼舍的结构，普遍使用 1 雄 1 雌的配对模式。限制南方鹤鸵只选择一个潜在伴侣，尽管长时间在一起没有任何繁殖迹象，人们仍认为它们是一对，这种"拉郎式"的配对模式实践证明多数是不成功的。由于缺乏科学的性别鉴定，甚至可能 2 只雄性或 2 只雌性被配对。

建议给圈养雌南方鹤鸵提供多只雄性。给雌性更多可选择的雄性，而不是人为安排一只也许不是最佳选择的雄性，这样可能促进有益的繁殖竞争行为（至少雄性中有一只能够交尾和繁殖成功）。

目前，澳大利亚动物园和水族馆协会的很多机构在试验一种方法，给一只雌南方鹤鸵同时提供与两只雄性互动的机会，雌性选择其中一只心仪的雄性，配成"一对"，成功繁殖后，剩下一只没有配对成功的雄南方鹤鸵推荐给其他机构用于新的配对。同样，在特定的季节给雄性提供超过一只雌性配对的机会，一只雄性可同时与两只雌性互动交往。剩下的（没有配对成的）雌南方鹤鸵推荐给其他机构用于新的配对。从初步结果来看，这种方式有利于配对成功。

如果南方鹤鸵通过这种组合的策略经过三年后仍然没有成功完成交尾、产卵和孵化（尤其是 1.1.0 即一雄一雌的组合配置），那么应该重新评估它们之间的配对。建议繁殖条件和健康状况都要进行评估。

2. 引入

有案例表明，圈养条件下，从小饲养在一起的南方鹤鸵，成年后仍然可以相安无事。但通常建议，南方鹤鸵成年以后应单独饲养，尤其是成年雌性，否则有打斗伤亡的风险。因此，引入的重点为繁殖期引入。决定将一只南方鹤鸵引入给另一个体或者另一个群体之前，一定要根据动物个体情况制订引入计划，并且严格按照计划执行。除了引入计划，环境对南方鹤鸵的引入也很关键。引入之前，要给南方鹤鸵提供适宜的引入条件，减小引入的难度。

（1）准备工作　召开引入相关会议。参会人员应该包括动物主管、饲养员、兽医；必要时，邀请维修人员、园林工作人员参会。对引入个体的背景进行评估，了解每个个体的性格、年龄、繁殖经历，选择合适的场地。这些工作可以增加引入的成功率，从容应对意外情况。没有引入经验的机构，要尽可能地考虑到所有可能发生的情况以及相应的解决办法。例如，相互打斗，突发刺激激发打斗，争夺食物引起打斗，追逐导致撞击，奔跑导致跳越围栏，隔网攻击导致脚趾受伤，攻击工作人员，工具选择不当导致危险，干预时机不当导致引入失败等。

（2）考虑要素

①体况　引入之前，应考虑南方鹤鸵的身体状况，体况弱或有潜在疾病的个体容易受到攻击，成年同性之间打斗难以避免，因此对引入个体体况评估（包括性别鉴定）是必要的。新引进个体应隔离检疫，单独饲养，检疫期满后，再转运到引入区域。为保证繁殖配对的时效性，在引入需隔离检疫的个体时，要提前考虑隔离期对发情期的影响。首先让引入个体熟悉新的环境，包括笼舍环境以及工作人员。当南方鹤鸵的身体与心理调节到正常时，才可进行引入工作。

引入之前要考虑南方鹤鸵的年龄、性别、繁殖史。成年、无繁殖史的南方鹤鸵引入难度更大。亚成体时让雌、雄南方鹤鸵彼此熟悉，则成年后引入更容易成功。

②工作人员　引入工作仅由一人操作，可能难以应付突发状况。人数过多，则环境嘈杂。建议2～3人共同实施引入工作。经验表明，南方鹤鸵对不同的人有不同的反应。即使对饲养员的态度，也可能有很大差异。同一时间，对甲饲养员有攻击行为，而对乙饲养员则情绪稳定。应提前确定好哪些工作人员参与引入工作，明确分工，并且将其写进引入计划。兽医也要在场，以备南方鹤鸵打斗受伤时的应急治疗，或评估动物的身体状况是否适宜继续引入。

参加引入工作的人员应对南方鹤鸵充分了解，具有一定的专业知识，并且反应迅速，遇事果断，这样有助于应对突发情况。

③环境　通常指笼舍环境。要求笼舍环境相对安静，有较丰富的遮蔽物，对游客和移动的交通工具有较好的视线遮挡。否则，实施引入操作时，要进行环境管控，或选择干扰小的时候进行。笼舍围栏应是有弹性的围网，且没有明显的死角，以避免南方鹤鸵在打斗奔跑过程中发生意外。避免在内舍或狭小的空间内实施引入操作。

④工具　引入前要准备一些扫雪板或大扫把等有长柄又能当盾牌使用的工具。这些工具可以达到分开动物，同时保护自己的目的。要准备充足的食物，防止南方鹤鸵因抢食而发生冲突。打斗或有爆发打斗迹象时，可用食物或哨声分散它们的注意力。南方鹤鸵熟悉的饲养人员的声音也有稳定情绪的作用。

⑤时间　繁殖季节到来之前及在繁殖季节期间，雌南方鹤鸵对雄南方鹤鸵通常表现得更加宽容，故建议在发情前期实施引入，可以极大地提高引入的成功率。因南北方气温差异，南方鹤鸵发情季节也有一定差异，通常引入时间选择在11月至翌年1月，引入时间的选择仍然要依据南方鹤鸵的身体和心理状态、行为表现、年龄、繁殖史等因素综合决定。

（3）引入方式与步骤

①熟悉环境　实施引入之前，让南方鹤鸵先熟悉笼舍环境和饲养人员。

②听觉接触　南方鹤鸵会发出低频声音。同类发出的声音通常是鸟类交流的第一方式。

引入工作的第一步是引入个体在视觉上完全隔绝，而在听觉上保持接触。因此，非繁殖期，应将圈舍间的围栏用帆布等柔软、坚韧、不透明的材料围起来。将引入对象安置在有视觉隔离的相邻圈舍内，密切观察和记录引入个体对隔壁同类发出声音的反应。当南方鹤鸵适应彼此的声音，听到对方的声音时没有明显的奔跑、踢围网等行为，即可进行下一步视觉接触。

非繁殖期，成年个体要保持视觉隔离，听觉接触，否则笼舍间隔障会遭到南方鹤鸵破坏。

③视觉接触　听觉接触完成以后，可以将笼舍间的视觉屏障移除，或将南方鹤鸵转移到能进行视觉接触的区域。这时要密切关注南方鹤鸵的行为变化，如采食量变化、攻击行为等。若南方鹤鸵情绪比较稳定，隔网有伴行、卧地、互动等友善行为，可实施下一步操作。尤其应关注早晨和傍晚南方鹤鸵的行为。

④完全接触　南方鹤鸵表现出明显友善行为之后，可以尝试打开笼舍之间的闸门，让南方鹤鸵自由选择进入或者不进入另一侧空间，与另一个体更近距离接触。

通常的做法是将雌南方鹤鸵引入雄南方鹤鸵笼舍。可以在雄南方鹤鸵笼舍内准备一些南方鹤鸵爱吃的食物，将食物分成数堆，让南方鹤鸵的注意力更多集中到食物上，同时保持一定的距离，减少发生打斗的概率。

开始的时候，南方鹤鸵在笼舍内随意走动，互相打量对方，试探性地接近对方，此时一定要保持环境的安静，不能有异响，否则可能会刺激南方鹤鸵间的打斗。

若发生打斗行为，应仔细观察，依据打斗的激烈程度采取相应措施。如果打斗仅持续几秒，其中一只认输，并且胜利的一方不持续追逐，这种情况不需要进行人工干预。如果打斗比较激烈，南方鹤鸵熟悉的饲养员可以大声喝止，或用哨声干扰。如果打斗持续数十秒，并且没有停止的迹象，应立即持工具（不少于两人）进入笼舍人工干预，将其分开，关进不同的笼舍。几天后，视南方鹤鸵的行为，择机再引入。

扫描左侧二维码，观看南方鹤鸵合笼打斗时人工干预的视频。（视频来源：闫涛）

（4）注意事项　成年南方鹤鸵之间的引入比较困难，风险更大，时间跨度也比较长，快的可能1周，慢的可能1年，甚至更长时间，引入失败的情形也存在。成年个体引入时，曾发生因严重打斗导致雄性或雌性个体死亡的案例。根据所饲养的个体情况提前制订繁殖配种计划，预留较长的熟悉时间，可提高繁殖引入的成功率。

通过视频监控引入过程，可以降低人为干扰。

不建议引入的情形：

- 笼舍条件不符合要求，有安全隐患。
- 引入个体身体状况不佳。
- 非繁殖期引入。
- 成年雄性个体间引入。
- 成年雌性个体间引入。

3. 卵的管理

圈养条件下，雌南方鹤鸵会把卵打破，吃掉卵清、卵黄以及卵壳，一些雄南方鹤鸵也有类似情况。增加饲料配方中钙的含量，可以减少类似情况发生。可提供煮熟的鸡蛋（含鸡蛋壳），或者将钙片研磨成粉拌入饲料。

雄性孵卵时粗心大意或亲鸟打斗可能导致卵的损坏，应加以监测。打碎或破损的卵应从巢中移除。帮助选择适宜的筑巢地点，提供合适的巢材，可能降低卵破损的概率。

和其他平胸总目鸟类相似——在繁殖季节会产很多卵，在圈养条件下，南方鹤鸵一个繁殖季节最高产卵28枚，但并不是所有南方鹤鸵都这么高产。

野生南方鹤鸵一窝最多有4只雏鸟。观察发现，圈养条件下一窝卵出雏4只后，雄南方鹤鸵会停止孵卵。如果是自然孵化，则提供给雄南方鹤鸵孵化的卵不要超过6枚，这样雄南方鹤鸵能够为所有的卵提供足够的温度。

可以通过人为取卵的方法来调控产卵量，达到饲养条件下所需的量。凯恩斯热带动物园（Cairns Tropical Zoo）通常将一只南方鹤鸵的产卵量控制在21~24枚。南方鹤鸵一般在16:00—18:00产卵，可于第二天早晨取出。将卵移除会促进产卵而不是抑制产卵。如果每产一枚卵即取出，雌性会持续接受交尾，雄性会一直向雌性求爱。取卵是否影响南方鹤鸵的健康，目前未见相关报道。过度取卵，不能带来繁殖率的提升。经验表明，前期卵（第1、2枚卵）受精率低，故一窝卵的数量控制在6~8枚为宜。

取出的卵应在阴凉通风的地方保存，防止蚊虫叮咬。卵的保存时间不要超过2周，否则会影响出雏率。

4. 休情期的管理

当鸟类获得的能量、营养和矿物质超过其基本需求时才能够繁殖成功

(Elphick 等，1997）。由于雌南方鹤鸵大量产卵，消耗巨大，雄南方鹤鸵在孵化的全程吃得很少，因此繁殖季节过后，雌性和雄性南方鹤鸵均有明显消瘦，羽毛缺乏光泽。雄南方鹤鸵的身体状况是它们是否尝试进行交尾的决定因素。繁殖季节到来之前，保证南方鹤鸵的营养和健康非常重要。

8—12 月（南北方有差异）繁殖成鸟表现平静，少有互动，食欲回归正常，是南方鹤鸵恢复体质和活力的重要时期。食欲通常是一个很好的指标，可通过观察食欲来增加和减少食物的供给量（详见本章"三、南方鹤鸵的日粮和饲喂"）。

繁殖季节过后，补充和储存能量的需要成为雌南方鹤鸵争夺食物攻击雄性的主要原因。出于安全考虑，休情期雌雄分开饲养是必要的。

5. 人工授精

人工授精技术已经在其他平胸总目鸟类运用，但尚未运用于南方鹤鸵。这是未来繁殖管理的一个潜在方向。

6. 繁殖干预

繁殖干预是指通过限制某些南方鹤鸵的繁殖，来改善个体的身体条件，或者防止某繁殖对的基因过度表达，影响种群管理；同时提供可供选择的辅助追求者，增加配对成功率，让更多的个体参与到繁殖中来，以保持遗传多样性，并使近亲繁殖系数低于商定的阈值。

（五）南方鹤鸵的人工孵化

经济型平胸总目鸟类规模化养殖的研究越来越多，许多研究表明，如果不能保证最佳的孵化环境，平胸总目鸟类的孵化率会很低，很可能出现死胚或孵化出弱雏。

针对南方鹤鸵卵人工孵化的精确评估文献极少。北京、上海、广州和南京等地的动物园在人工孵化南方鹤鸵卵方面都取得了成功，收集了可靠的孵化参数，可供借鉴。

1. 人工孵化的条件

人工孵化与人工育雏对南方鹤鸵的行为，特别是繁殖行为是否会带来负面影响，或者带来多大程度的负面影响，目前还不清楚。一般情况下，只有当自然孵化不可行的时候，才尝试人工孵化；也有机构为了增加繁殖数量，进行人工孵化。

当确认自然孵化不必要或不能继续进行时，需要及时将卵取出。常见的原因有：

· 不具备自然孵化的环境条件。

· 雄性亲鸟或者雌性亲鸟曾经出现破坏卵的行为，或者卵曾经消失过。

· 雄性亲鸟死亡、生病或者体况差。

· 雄南方鹤鸵正常的孵化行为受到影响，或新生雏鸟离开孵化巢，雄鸟不再孵化。

2. 孵化机的选择

目前圈养实践证明，能够成功用于雉鸡、游禽、涉禽孵化的不同型号的孵化器，可能因温湿度稳定性不够，且不同位置存在明显温差等因素，用于南方鹤鸵卵的孵化成功率低。

用德国生产的 Grumbach S84 和 BSS160 孵化器孵化南方鹤鸵卵获得了成功。其优点是温控精度高（±0.1℃）、静音、能耗低，水平滚轴可以根据卵的大小调节间距，并具有自动晾卵功能。缺点是体积小，配件价格昂贵，等待配件周期较长，维修周期长。

3. 孵化室的环境条件

孵化室应保持凉爽通风，环境温度以 25℃左右为宜，不宜超过 28℃，湿度不宜超过 60%，否则会影响孵化器的工作精准度。可以用空调和抽湿机对孵化室环境温度和湿度进行调节。

4. 卫生要求

（1）人员卫生 凡是和卵有接触的工作人员在操作前应用肥皂水或者消毒液洗手，并且把手吹干。建议戴一次性手套操作。

（2）储存室、孵化室和孵化器的卫生 卵储存室应该保持阴凉干燥并适当通风。

孵化工作开始前，需要对整个孵化室进行清洁并消毒，去除积尘，并用消毒水喷洒消毒；隔天按每立方米 30mL 甲醛和 15g 高锰酸钾的比例对孵化室进行密闭熏蒸消毒，熏蒸结束后，开窗通风。

孵化器的表面用消毒剂擦拭消毒。可拆卸的部分应该按照生产厂商的使用说明清洁消毒。

5. 卵入孵前的管理

（1）捡卵 产卵期要时刻监视雌南方鹤鸵的行为表现，判断其是否产卵，确保尽快捡到卵。最好 15min 内捡到卵，这样卵的角质层有充足的时间干燥。及时捡卵可以阻止高温或低温影响、微生物侵害，或捕食者对卵造成伤害。卵受到阳光直射等极端条件的影响，会导致早期胚胎死亡率上升。

（2）卵的处理 卵的表面被粪便等污染有可能会携带病菌，应尽可能保持卵的清洁。

如果使用消毒液，并且抗菌溶液的温度比卵的温度低，可能会导致卵内容物的体积减小，引起卵内负压和真空，加速细菌通过卵壳的气孔进入卵内，导致胚胎感染。消毒液也能以这种方式进入卵内，从而影响孵化率。经水浸泡的卵也会导致细菌通过卵壳进入卵内。因此不要让南方鹤鸵卵浸水或沾染任何高黏性液体，否则会改变卵壳的孔隙，影响水分的流失，从而影响卵的孵化率。

不建议在入孵前对卵体使用消毒剂进行消毒，对卵体进行简单的擦拭去污即可。擦拭时须控制好力度，不可用力过度，避免角质层被破坏而感染。

（3）运送　运送过程中，应尽量保证卵体平稳，不要大幅度晃动卵体，可在卵体下方用柔软的材料铺垫，以免滚动、碰撞导致卵黄系带断裂或卵黄膜破损。

（4）保存　鸟类胚胎在21.1℃以下是不发育的。高于21.1℃组织开始生长，不同组织生长速度不同。

建议将取出的南方鹤鸵卵保存在温度为12～20℃、相对湿度为50%～70%、通风、没有阳光直射的环境中。气室朝上，放入带纱窗的木箱保存（图2-3），避免蚊虫附着叮咬。

环境温度过低或过高都会影响孵化的成功率。卵的保存时间建议在1周以内。不超过1周不需要翻卵。卵在放进孵化器之前，先要恢复到室温状态。

（5）标记　在接收卵后应用标记笔在卵体上标记：产卵时间、入孵时间、父本、母本。通过照卵的方式标记气室位置，在卵体顶部用"—"和"∧"做标记（图2-4），方便日后孵化时确定翻卵角度。

图2-3　卵的暂时保存
（供图：孙杨，2019）

图2-4　卵的标记
（供图：孙杨，2019）

（6）称重　在捡卵当天记录卵鲜重；入孵时再次对卵进行称重，记录入孵时的重量；入孵后每5d称重1次，每次称重的时间需要相对固定，记录卵在孵化过程中重量的变化，从而计算失重率。

6. 孵化

同步孵化有利于饲养管理。因为年纪相仿的雏鸟能够同时离开，可使人工育雏相对简单化。

(1) 孵化温度　合适的孵化温度是人工孵化成功的关键。孵化温度过高导致胚胎发育过快，出现胚胎前期死亡，孵化后期温度过高导致胚胎脱水、雏鸟窒息而死亡。孵化温度过低导致胚胎生长发育缓慢，孵化期延长，卵黄吸收不佳，最后死亡。南方鹤鸵卵人工孵化温度在 35.5～36.7℃，多数为 36.1～36.5℃。徐飞（2021）研究认为，南方鹤鸵卵孵化温度在 36.1～36.3℃ 时，整个孵化期相对稳定，出雏后雏鸟生长发育良好。

(2) 孵化湿度与失重率　孵化湿度是胚胎发育的重要因素，决定了整个孵化期卵的失重率。资料显示，湿度过高会导致胚胎发育过程中的废水不能有效排出，致使雏鸟不能转动身体，无法啄壳而溺死；出壳的雏鸟腹部较大，脐部愈合不良。湿度过低会导致胚胎脱水，与卵壳粘连，造成出壳困难；严重时使尿囊绒毛膜干燥，妨碍新陈代谢，导致死胚；失重过大雏鸟提前出壳，个体比正常小。

南方鹤鸵野外分布区为高湿度地区，它们的卵非常容易受干燥影响而过度失水。南方鹤鸵卵人工孵化相对湿度宜控制在 55%～65%。

大多数鸟卵孵化过程中重量会减少 12%～15%。可伦宾保护区（Currumbin Sanctuary）曾经孵化过一只南方鹤鸵，它的卵重量减少 11%。从目前成功孵化的案例测算，卵每天失重 1.33～1.71g，平均 1.54g；失重率 9%～11.1%，平均 10.18%。

失重率与环境湿度关系密切。依据标准刻意增减湿度，可能于孵化不利。

(3) 翻卵　卵黄由位于卵体两端的两条系带牵引，被固定在卵的中央位置。如果长时间保持一个位置，在重力的作用下卵黄会逐渐沉到卵的下部，一旦卵黄接触到卵壳底部，与卵壳膜粘连，卵的发育就会受到影响，所以要定时对卵进行翻转。

入孵卵应该保持合适的间隔，以防止卵在孵化器里过热和过冷。南方鹤鸵卵应该水平放置，沿着长轴翻转，顺时针和逆时针交替进行，翻卵角度为180°。不可在同一方向连续翻卵。

需要注意的是，南方鹤鸵卵体较大，机器自动翻卵往往只能达到 90°，所以需要手动辅助翻卵达到 180°。一天至少手动辅助翻卵 5 次。保持每天手动辅助翻卵次数为奇数，以避免连续两晚卵被翻转到同一侧。

(4) 晾卵　卵胚胎发育的过程中需要消耗氧气，排出二氧化碳，同时产生热量。晾卵的目的是更换新鲜空气，为卵提供所需的氧气和排出二氧化碳，带走多余热量，所以孵化时要给予充分而新鲜的空气。晾卵时环境温度以 25℃ 左右为宜。晾卵建议方案见表 2-7。

表2-7　晾卵建议方案

孵化时间（d）	晾卵方案
16～19	孵化器外晾卵3min，每天1次
20～26	孵化器外晾卵8min，每天1次
27～31	孵化器外晾卵10min，每天1次
32～38	孵化器外晾卵10min，每天2次
39～44	孵化器外晾卵15min，每天3次
45～48	孵化器外晾卵15min，每天5次

（5）验卵　南方鹤鸵卵壳较厚，用普通鸡蛋的验卵方法无法看清。验卵时需要一支强光手电和遮光衬板（自制，防止漏光，图2-5），并在暗室中进行。一般孵化6d以后可以辨别无精卵和受精卵。验卵时一般手电光从卵的大头（气室一侧）照射（图2-5）。无精卵比较透亮，光斑均匀（图2-6、彩图13）；受精卵卵黄位置首先出现明显块状阴影，随着时间推移，阴影大小形状发生变化，出现蛛网状血管（图2-7、彩图14）。南方鹤鸵不同阶段胚胎发育情况详见表2-8。

图2-5　强光手电筒（左）、自制衬板（中）和验卵操作示意（右）

（供图：徐飞，2022）

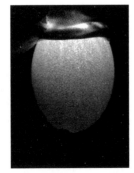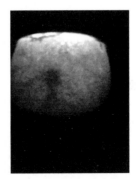

图2-6　南方鹤鸵未受精卵　　　　图2-7　受精卵蛛网状的血管

（供图：徐飞，2019）　　　　　　（供图：徐飞，2019）

表 2-8 南方鹤鸵不同阶段胚胎发育情况

孵化时间（d）	胚胎发育情况
6	在卵黄位置可见明显胚胎块状阴影
12	可见由胚胎散射出去的蛛网状血管
18	可见靠近气室附近，胚胎起伏运动；灯光由小头照过去，可见明显三角形缺口
24	血管开始向卵的底部合拢，整个卵体呈现上中下三个部分，气室和底部有亮光，中部阴影
30	胚胎开始占满整个卵的底部，强光手电从小头照过去，看不到亮光，俗称"封门"
36	气室开始向一侧倾斜，晾卵时将卵平放在桌面上可见轻微摆动
42	晾卵时可见卵体摆动明显
45	晾卵时卵体摆动幅度变小，头部开始向气室调整
47	晾卵时卵体摆动幅度变大，开始听见幼雏叫声，头部开始进入气室
48	头部完全进入气室，幼雏叫声变大，并可以清楚听到啄壳声

由于南方鹤鸵卵壳较厚，孵化前期可以看到胚胎发育的情况，中后期则一片黑很难判断。可以采取前期灯光验卵和后期观察胎动相结合的验卵方式。需要关注几个时间节点：孵化 12d 左右，可以看见蛛网状的血管；孵化 24d 左右，胚胎开始向底部合拢；孵化 36d 左右，晾卵时开始看到卵体轻微晃动；孵化 47d 左右，听到幼雏叫声和啄壳声。以此推算胚胎发育过缓或过快，从而调整孵化方案。

（6）孵化期控制 孵化期与卵的大小、孵化时的失重率有关。就同一批次的卵而言，卵越大孵化期越长，失重率越高，孵化期越短。资料记录，南方鹤鸵卵孵化期为 47~54d。张词祖（1981）记录，鲜卵重 635~700g，孵化温度为 36.7℃，孵化期为 48.8~54d，平均为 50.6d（$n=12$）。徐飞（2021）记录，鲜卵重 709~752g，孵化温度为 36.1~36.3℃，孵化期为 46~49d，平均为 47.5d（$n=5$）。

7. 出雏

孵化至 47d 时，晾卵时可听见明显幼雏叫声，且可以清楚听见幼雏啄壳的声音。随着时间的推移，啄壳越来越频繁，敲击声也越来越大。破壳点一般在气室的中部，由一个点开始向周围扩裂。随着幼雏挣脱得越来越剧烈，整个卵体的约 1/3 部分全部裂开，幼雏逐渐挣脱卵壳，直至完全出雏。从破壳到完全出雏一般持续 1~24h。破壳开始后，翻卵可以停止，增加湿度，可以减少卵膜水分丢失。

8. 人工辅助出壳

据观察，受精卵中约 20％胎位不正。

出现以下情况，须人工辅助出壳：

- 出现啄壳而不破壳且明显超时。
- 胎位不正，小头位置破壳。
- 卵壳裂而不出壳。

人工辅助出壳应在卵内膜血管收缩好之后进行，否则应小心绕开血管。

人工辅助出壳的方法：可以通过 X 线、红外线成像或者把卵放到耳边用手指轻弹卵壳等方法，找到雏鸟头的位置。用锥子或剪刀尖头在靠近雏鸟头的位置开一个小孔，放入新鲜空气，再将卵放进孵化器中，让幼雏自己破壳。

胎位不正时，幼雏可能啄破卵壳形成裂缝，但因不能转动身体，无法从里面将卵壳顶开而出壳，此时可以用镊子沿着裂缝剥开一个小孔，然后将卵放进孵化器，让其自主破壳。如果 5h 后破壳处仍没有扩大迹象，可以扩大破口，让幼雏爪部露出。一般幼雏会开始频繁挣扎，直至完全破壳而出。

人工辅助出壳只能起辅助作用，出壳的过程需要幼雏自己完成，否则幼雏不易存活。所以开孔、扩大破口等操作应格外小心，不能让卵壳破裂。

9. 卵的检视

温湿度控制不力、传染病、营养缺乏和毒素等原因都可能导致胚胎死亡。对未成功孵化的卵进行检视十分重要。虽然不是每次检视都能有明确的结论，但检视有助于繁育知识体系的完善，发现问题并为管理决策提供帮助。

检视应该从回顾卵的孵化历史开始。环境变化、孵化进程，包括同窝卵的状况都应该纳入检视对象。每枚卵应该有独一无二的编号。卵的状况、储存情况以及卵重和尺寸都要被详细记录。

在移走卵内容物之前要记录内容物的外观、气味，若已经形成胚胎，应记录胚胎、附件的位置、外观以及卵壳的质量、膜的完整性、水肿/出血情况、卵黄膜收缩的程度和畸形情况等。

六、南方鹤鸵的人工育雏

失去南方鹤鸵亲鸟哺育条件时，需人工干预或代替亲鸟哺育。但必须认识到人工育雏存在的问题。文献表明，将动物从自然双亲或兄弟姐妹身边移出，后代会失去学习核心社会行为的机会，这种核心社会行为与其将来和同类互动有关。人工育雏、义亲或不称职的动物义亲的印迹使其不胜任种群繁育者角色，这已在南方鹤鸵中得到验证。只有雏鸟不能在自然状态下被亲鸟抚育时才考虑尝试人工育雏。

（一）人工育雏原因

人工育雏的原因可能包括：

· 在低湿度环境下自然孵化有出现畸形的历史。

· 雄鸟或雌鸟破坏种卵或伤害雏鸟，或有种卵消失的历史。

· 有雏鸟自然孵化的疾病史。

· 雄鸟死亡、疾病、体况较差或受到干扰而拒绝孵化。

· 因雄鸟育雏，后期对卵孵化时间明显减少甚至不继续孵化。

（二）人工育雏方法

1. 育雏箱选择

育雏箱要大小适宜、自然通风、温度适宜。可用局部加热型育雏器，有温度梯度供选择。育雏箱尺寸可以为 $2m \times 1m \times 0.8m$，外框和四个面都要结实。建议安装两个顶灯，且都可以调节高度，这样可以保证一个灯泡失效后另一个仍能提供热源。建议两个顶灯都放置在一端，或者一端放置加热垫，以产生温度梯度。

育雏箱底板需能固定，也能抽取，易清洗。底板上垫一层人造草皮或室内/室外地毯防滑。不建议垫沙子。

亲鸟自然育雏条件下，雏鸟通常躲在雄性亲鸟胸腹、翅膀羽毛下休息，或者得到庇护。在育雏箱或笼舍内悬挂干净的拖把头，可以提供雏鸟躲藏的地方，产生被亲鸟照顾的错觉。

2. 育雏箱温度要求

南方鹤鸵雏鸟不耐寒，合适的温度十分重要。雏鸟蜷缩靠近热源，表明育雏箱内温度过低；雏鸟远离热源和气喘、多饮，表明育雏箱内温度过高。随着年龄的增长，育雏箱内温度逐渐降低（Speer，2006）。育雏温度见表 2-9。

表 2-9　南方鹤鸵雏鸟日龄与育雏温度对照

雏鸟日龄（d）	育雏温度（℃）
1~7	>30
7~14	28
14~21	26
21~28	24

3. 育雏笼舍要求

雏鸟已经能自由奔跑时即可转移至育雏笼舍饲养。育雏笼舍建议由内舍和外舍组成，提供可以自由进出的通道，在天气允许时可以多晒太阳。雏鸟体温调节系统尚不完全，因此内舍要提供补充热源。室内温度从最初 32℃逐渐降到 24℃。地板下面设置固定的局部加热装置。

育雏笼舍大小要根据鸟的体型大小和群体的数量而定。要提供充足的自由活动空间。2 月龄以下的雏鸟，最小的外舍面积为 3.7m²，随着月龄增长、体型变大，外舍面积应相应扩大。体重 9kg 左右，外舍面积建议不小于 20m²。内外舍要有良好的污水排放设施，地面应易于清洁，排泄物经无害化处理。

亚成体南方鹤鸵笼舍要求与成年南方鹤鸵相似。

4. 雏鸟饮食要求

雏鸟出壳后 5d 内通常不吃食，主要依靠吸收自己体内卵黄获得营养。保持环境温度在较高的水平可以帮助卵黄的吸收。

亲鸟通过轻轻呼唤、轻啄食物等方式教雏鸟开口采食。人工育雏条件下，可以使用玩偶喙模拟亲鸟轻啄食物或用木棒轻敲食盆、拨动食物，刺激雏鸟对食物产生兴趣。选择浅色食盆，能突出食物，易引起雏鸟的注意。

南方鹤鸵雏鸟与成鸟的饮食结构相似。可以用来开食的食物有：面包虫、浸泡的葡萄干、切碎的香蕉、苹果、番茄等比较柔软的水果。要注意食物的大小，防止对食道产生损伤。最初一般切成 0.5cm×0.5cm 大小的水果粒。每天饲喂 2～4 次。可以在水果粒上面撒奶粉，也可以撒鸟类的多维和矿物质粉来补充营养。最初 2 周必须为雏鸟提供昆虫食物。

雏鸟营养方面，目前没有统一适用的规程。大部分的鸟类初始给予不低于 20% 的蛋白质饲料任其自由采食。如果没有针对平胸总目鸟类的专用饲料，可以选用家禽用的颗粒饲料，使用含有 15%～20% 蛋白质的饲料作为添加品。在 2～3 月龄时食物中的蛋白质含量要逐步降低，直到 6～10 月龄时达到 13%～15%。饲喂频率也应该相应减少，以限制雏鸟的生长速度。

雏鸟通常在开食之前饮水。鸟一旦无法饮水则会停止采食，养殖的平胸总目鸟类的雏鸟经常会因无法找到水源而出现死亡，所以要一直为雏鸟提供凉爽、干净的饮水。饮水盆要固定在地面上。饮水器水深不能高于雏鸟跗跖骨的一半，以防止雏鸟溺水。

将新鲜的、切碎的绿色蔬菜或者是颜色鲜艳的植物性饲料撒在水面上，或者撒在各种饲料上，可以有效激发雏鸟的采食兴趣。

在自然状态下，南方鹤鸵会采食砂砾。从消化生理来看，南方鹤鸵主要通过挤压而不需要借助砂砾研磨消化食物。砂砾对南方鹤鸵是否必需还存在争议。关于砂砾大小建议参考：开始时 3mm，孵化后 4～7 周时增至 2mm×(5～6)mm，8～16 周增至 6mm×(9～13)mm，16 周后的南方鹤鸵增至 9mm×(16～22)mm。

5. 雏鸟饲养方式

雏鸟尽可能群养，晚上聚集在一起可互相取暖。体型大小相近的在一起饲养，防止出现强的欺负弱的或者采食时争斗造成伤害。

采用全进全出的饲养方式。一批雏鸟离开之后，对环境彻底消毒，再饲养下一批雏鸟，可以有效减少病原体的负载。雏鸟常常不能快速适应环境的改变，建议生长期群体饲养，不要经常抓捕移笼，直到雏鸟能适应外界环境。

6. 雏鸟饲养卫生要求

建议对刚出孵的雏鸟用碘伏消毒脐带以减少卵黄感染的风险。

南方鹤鸵育雏一般已经进入夏季，在环境温度较高的情况下，保持笼舍和食盘的卫生很重要。育雏箱应每天清洗、清除排泄物及食物残渣。饲喂 1h 后，应及时清除剩食。

雏鸟从地面上采食比从餐盘上取食更容易。但从生物安全方面考虑，不鼓励雏鸟从地面自由采食。

7. 雏鸟锻炼

缺乏锻炼是雏鸟发生各种腿部疾病的主要原因。在野外，雏鸟每天跟着亲鸟行走几公里的路程。和其他平胸总目鸟类一样，人工育雏南方鹤鸵每天应锻炼雏鸟 2～3 次，每次 30min。4 周后，锻炼的时间要增加。刚开始，可以让饲养员带着雏鸟跑，或者让体形与其相当的雏鸡当伴侣动物，刺激它们活动。也可以采取其他办法，鼓励雏鸟自主活动。在锻炼中经常性的短暂休息，模拟野生南方鹤鸵停止觅食、集体休息的行为。

2 周龄开始，雏鸟对泥浴、水浴产生兴趣。可以提供一个浅水盆，或挖一个泥坑，将水倒进泥坑，供雏鸟在水里打滚。

8. 雏鸟生长曲线

刚出壳的雏鸟体重在 440～500g，出雏 5d 以内，因雏鸟几乎不吃食，且由于排出胎粪、体液丧失、卵黄吸收等因素，雏鸟体重下降 4.3%～13.1%。随着雏鸟开始采食，体重逐渐增长（增长曲线见图 2-8），增长情况与采食量以及饲料种类相关。到 8 周龄左右，体重日增长达到峰值，约为 60g，随后有所下降，而日均采食量仍呈上升趋势。

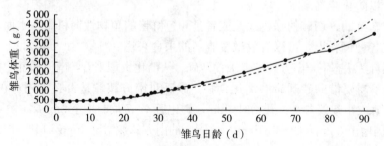

图 2-8　南方鹤鸵雏鸟平均生长曲线（$n=8$）

（数据来源：南京市红山森林动物园，2019）

（三）人工育雏模式

1. 性印迹

性印迹导致南方鹤鸵在以后的生活中表现出与父母相似个体交尾的偏好。Fox（1969）认为动物可能变得过度依恋它们的义亲，并导致以后的性行为或社会行为偏好于它们的义亲，或类似于义亲，同时表现出与本物种有不同程度不相容的社会性。因此，性印迹很可能对圈养物种的繁育管理造成较大的影响。

对于不做野放的圈养繁育南方鹤鸵，没有学习识别天敌的技能要求，但需要识别同种个体，使其在圈养繁育项目上做出有效贡献。南方鹤鸵的例子表明，其复杂的社会行为信息是通过父母传给后代，或与同种个体互动中学习得来的。让圈养繁育个体获得正确的物种性印迹至关重要，否则会对圈养南方鹤鸵种群的可持续性带来灾难性的影响。

一些机构已经发现个别人工育雏的鸟类向人类展示性吸引力（通过展示生殖行为），而不是对同种个体。南方鹤鸵对于人类的性依恋不利于其圈养繁殖管理的进步，因此必须小心谨慎，确保南方鹤鸵对义亲（人类或其他物种）不能发生性依恋。

2. 育雏模式

- 种内父母：指父母是属于同一个物种的养父母。例如，生物学意义父母，或者在其他机构内的南方鹤鸵担任父母角色。
- 种间父母：指南方鹤鸵之外的类似物种作为养父母。例如，让鸸鹋或鸡担任父母角色。
- 装扮父母：指人类装扮成同一物种内的父母。例如，人穿着南方鹤鸵外形的服装或用南方鹤鸵头形木偶教雏鸟进食。
- 人工父母：指父母是人类。雏鸟有充分的视觉、听觉和触觉去接近所谓的父母。
- 无父母：指父母是人类。然而，雏鸟是有限制的或无视觉、听觉和触觉的去接近所谓的父母。

人工育雏模式及其选择理由见表 2 - 10。

表 2 - 10　人工育雏模式及其选择理由

序号	人工育雏模式	选择理由
1	种内父母，伴有同种兄弟姐妹	
2	种内父母，无同种兄弟姐妹相伴	如果雏鸟伴有兄弟姐妹和/或一个种内父母，它们将
3	种间父母，伴有同种兄弟姐妹	会有同种类的性印迹，像自然育雏一样
4	装扮父母，伴有同种兄弟姐妹	应优先选择，因为与同种个体有更高程度的互动
5	人工父母，伴有同种兄弟姐妹	

（续）

序号	人工育雏模式	选择理由
6	无父母，伴有同种兄弟姐妹	如果雏鸟被隐蔽地人工育雏，但是与同类一起安置，性印迹的机会将会比在无同类的情况下更多 应优先选择，因为与同种个体有更高程度的互动 因为缺乏父母元素，偏好性可能会降低
7	装扮父母，无同种兄弟姐妹相伴	如果雏鸟被装扮成同种父母的人类育雏，雏鸟将获得更大的同种类性印迹的可能性，像自然育雏一样 应优先选择，因为模拟同类的装扮或木偶代表与一个同类进行理想化的互动
8	种间父母，无同种兄弟姐妹相伴	如果雏鸟没有同种兄弟姐妹的情况下被种间父母育雏，雏鸟将会对种间父母（和/或任何的种间兄弟姐妹）产生性印迹
9	人工父母，无同种兄弟姐妹相伴	如果由人类育雏，雏鸟将会对人类产生性印迹 尽可能不选择，因为是不同物种间的高程度的互动，以及同种个体缺乏互动
10	无父母，无同种兄弟姐妹相伴	如果雏鸟被隐蔽地人工育雏，但是单独安置，雏鸟对于目标的印迹是未知的 尽可能不选择，因为父母因素未知以及缺乏其他关键元素

育雏箱内使用镜子可以减少雏鸟对人类的印迹，增加对它们本物种印迹的可能性。

将人工孵化的雏鸟安置在正在自然育雏的南方鹤鸵笼舍的隔壁，进行保护性接触饲养（图2-9、彩图15）。雏鸟可以通过视觉、听觉接触到它的父亲和兄弟姐妹，可以采食同一盘饲料。从雏鸟的行为来看，这种方法可有效减少人类印迹，增加雏鸟的自主运动量，类似于自然育雏。

七、南方鹤鸵的行为丰容

圈养南方鹤鸵和大多数其他圈养野生动物一样，因为笼舍面积狭小、环境内容单调，饲养流程模式化，导致其活动、觅食、修饰、互动等自然行为减少，而休息行为、刻板行为增加。这都不利于南方鹤鸵的健康和福利。圈养南方鹤鸵由于缺乏锻炼和饮食不当，会比野生南方鹤鸵体重更重，体内脂肪含量更高。

图 2-9 将人工孵化的雏鸟引入给正在育雏的雄鸟

（供图：李梅荣，2017）

可以模拟南方鹤鸵自然栖息地特点丰富笼舍环境，让其展现更多自然行为。在室外笼舍种植高大的乔木、更多的灌木和地被植物（图 2-10、彩图 16），种植可以结果的树，满足其采食野果的需求。在外舍放置石堆、木头，作为视线遮挡，满足南方鹤鸵的安全需求，同时改变其一成不变的行走路线。也可以在外舍制作水池、泥浆池，或者设置喷淋系统，满足南方鹤鸵洗浴的需求。地面可以铺落叶、木屑或细沙，形成不同的质感。可以调整食物种类、饲喂时间、

图 2-10 南方鹤鸵室外笼舍植被

（供图：周雪阳，2022）

饲喂地点、饲喂次数和饲喂方式，增加南方鹤鸵取食的难度，让南方鹤鸵在采食过程中获得更多乐趣，从而减少刻板行为。

作为南方鹤鸵的饲养员，有最多的时间接触动物，也最了解自己所养的动物，因此在尊重动物习性的前提下，改变一成不变的饲养模式，将对南方鹤鸵的行为起到积极的影响，且可以提高动物福利。

八、南方鹤鸵的标识、保定与运输

（一）个体标识

个体标识是种群管理的重要基础，需要格外重视。动物由于年龄增长、外形改变，或者迁移、合笼、群养，以及饲养员更替，记录偏差，临时性标识丢失等因素，都可能导致个体识别混乱。南方鹤鸵的寿命长，且非雌雄两态鸟类，所以应做好标识，并确保标识的一致性。

1. 芯片标识

芯片标识是南方鹤鸵比较可靠的个体标识方式。推荐植入位置为左大腿外侧肌肉（Species 360 推荐）。植入过程应遵照无菌操作，建议由兽医实施（图 2-11、图 2-12）。虽然背颈部肌肉也可成功植入芯片，但实际操作发现，头颈部摆动幅度大，非保定状态下读取该部位芯片信息困难，而大腿外侧则方便很多。

图 2-11 芯片注射　　　　　　　图 2-12 芯片扫描
（供图：陈蓉，2017）　　　　　　（供图：陈蓉，2017）

南方鹤鸵 3～8 月龄适宜芯片注射操作，可在物理保定条件下实施。随着南方鹤鸵年龄增长，植入操作会越来越困难，成年南方鹤鸵植入芯片需要借助化学保定。

有多种可供选择的电子芯片，推荐使用国家相关部门认可的 15 位数野生动物专用电子芯片（可联系北京华恒基业野生动植物专用标识服务中心）。南京市红山森林动物园使用的探感技术电子芯片，植入皮下后，阅读器可在 25cm 处读取。将南方鹤鸵装进木质运输笼后，在运输笼外亦可读取。可通过行为训练，在非保定状态下读取芯片信息（图 2-13）。

图 2-13 芯片扫描行为训练
（供图：李梅荣，2017）

扫描左侧二维码，观看保护性接触下的南方鹤鸵芯片扫描视频。(视频来源：李梅荣)

扫描左侧二维码，观看直接接触下的南方鹤鸵芯片扫描视频。视频中南方鹤鸵为亚成体，且经行为训练，与饲养员建立了信任关系。非经训练成年南方鹤鸵建议用非直接接触的操作方式。(视频来源：李梅荣)

注意事项：
· 植入芯片时注射器应从上往下进针，降低芯片从针眼掉落的可能性。
· 一旦植入后，应立即将芯片编号记入个体档案。
· 芯片植入的同时采血做性别鉴定，以减少保定的次数。
· 对南方鹤鸵进行行为训练，有助于读取芯片操作。

2. 形态识别

可以采用照片和记录形态特征的方式识别个体，并将其附在个体档案中。可供参考识别的形态特征包括（图2-14、彩图17）：

图2-14　用于个体识别的南方鹤鸵形态特征

（供图：周雪阳，2022）

· 盔突形状和方向。

· 盔突黑色斑块的形状。

· 肉垂大小、形状和色斑。

· 裸露的黄、白、黑、蓝色皮肤与眼睛的相对位置关系。

· 裸露黄、白、黑色的皮肤与上颌骨、眼眶凹陷的相对位置关系。

· 头颈后方的皮肤颜色构成。

· 喙上的切刻痕迹或者组织损伤。

· 体形。

· 爪迹尺寸。

· 尾长。

· 腿部疤痕。

虽然盔突的大小、形状会随着年龄发生变化，但仍是最有用的个体标识部位。用于个体识别的照片要定期更新或者在南方鹤鸵个体有显著变化时立即更新。

羽毛颜色和皮肤颜色（特别是雏鸟、幼鸟和亚成体）是一种误差较大的标识方法。因为南方鹤鸵在出雏后的前两年生长非常迅速，颜色的构成会逐渐改变，直到成年才相对稳定（仍然会有变化）。亚成体南方鹤鸵如果群养，建议做临时标识。

成年南方鹤鸵皮肤颜色的着色强度会随个体性情、健康状况、季节变化而变化。基于此，进行个体标识时应关注的是颜色的构成而不是颜色的深浅。

3. 其他标识方法

鸟类标识常用的脚环、翼环，用于南方鹤鸵时很容易损坏、脱落，损伤皮肤和关节，导致感染、坏死，甚至不可逆的损伤，因此不推荐使用。

可以在大腿区域文身，但操作性和可观察性较低。

随着分子遗传学技术的发展，DNA 指纹图谱由于具有多位点性、高变异性、简单而稳定的遗传性等特点，已被广泛应用于亲子鉴定、法医检测等。该项技术有望应用于南方鹤鸵的个体标识，但缺点是需要采集较高品质的生物样本用于检测。

（二）南方鹤鸵的性别鉴定

全世界的鸟类中有 60% 是单态性，即雌雄同型鸟。虽然成年雌南方鹤鸵的体型比雄性大一些，但并没有明显的雌雄两态性。对于物种保护而言，南方鹤鸵的性别鉴定，特别是早期性别鉴定，对饲养管理、繁育、疾病防治、种群遗传多样性分析等都有重要意义。

可通过南方鹤鸵个体外观、行为表现等进行初步性别鉴定，也可通过腹腔镜、超声检查以及分子学方法进行精确性别鉴定。各种方法有其优缺点，可依据经验和设备条件选择。

1. 外观比较

雏鸟和亚成体无法通过外观区分性别。通常，成年雌南方鹤鸵体型更大，头、颈部裸露皮肤颜色更鲜艳。成年雄性身体后侧的羽毛比雌性长，挂得更低。这种鉴别方法需要雌雄对照，且主观性较大，容易出现偏差。

雄鸟排泄时，有时可以看到阴茎突出泄殖孔外。但泄殖孔周围覆盖了羽毛，不易观察。

2. 行为判别

通过求偶、交尾、产卵等繁殖期行为来判定性别，是对单态性鸟类简单而准确的性别鉴定方法。繁殖期雌南方鹤鸵会主动接近雄性，常做趴卧的行为。雄南方鹤鸵会跟随雌南方鹤鸵，炫耀它的后背，触碰雌性的后背以刺激雌性接受交尾。只有进入繁殖期后雌、雄南方鹤鸵才表现出这些行为差异。行为鉴定法虽然比较准确，但耗时较长，不利于种群管理。

3. 翻肛鉴定

在翻肛前，需要了解其解剖结构。如图 2 - 15 所示，可通过泄殖腔腹面的生殖突起判别平胸总目鸟类的性别。通过泄殖腔，用手触摸生殖器突出物可以判别亚成体和成年南方鹤鸵的性别。

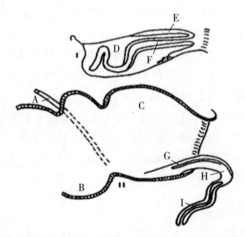

图 2 - 15　鸸鹋或美洲鸵鸟可勃起及收回的阴茎的左侧面观示意（上图描绘阴茎缩在肛道内）
A. 输精管　B. 泄殖道　C. 肛道　D. 在肛道内的阴茎　E. 阴茎勃起墙
F. 阴茎反向中空管　G. 阴茎沟　H. 勃起组织　I. 勃起阴茎的中空盲管
（图引自：Tully 和 Shane，1996）

通过翻肛鉴定南方鹤鸵雏鸟性别非常困难。无论是 1 月龄、3 月龄还是 5 月龄南方鹤鸵，其泄殖孔腹侧都有一个软弱无力的类似阴茎的器官，看起来都像雄性（图 2 - 16 至图 2 - 21、彩图 18 至彩图 23）。

实施翻肛操作时，需要一人固定南方鹤鸵头胸部，另一人固定腿部，再由一人戴上外科手术手套实施翻肛操作。拨开肛门周围的羽毛，用拇指和食指置于肛门两侧，当肛门痉挛停止后，用力向里挤压，可看到泄殖腔腹侧粉红色组织中有白色的类似阴茎的突起，长 2～3cm（3 月龄）。

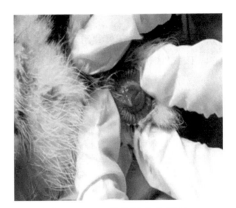

图 2-16　1 月龄雌南方鹤鸵

（供图：章小小，2019）

图 2-17　1 月龄雄南方鹤鸵

（供图：章小小，2019）

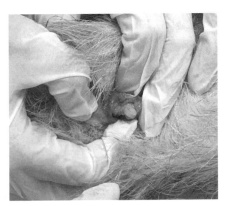

图 2-18　3 月龄雌南方鹤鸵

（供图：章小小，2019）

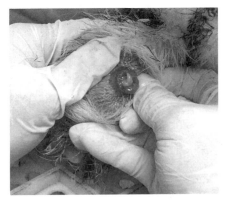

图 2-19　3 月龄雄南方鹤鸵

（供图：章小小，2019）

图 2-20　5 月龄雌南方鹤鸵

（供图：陈蓉，2019）

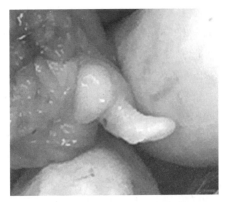

图 2-21　5 月龄雄南方鹤鸵

（供图：陈蓉，2019）

4. 核型分析法鉴定

平胸总目鸟类的性染色体形态上差异很小。由于南方鹤鸵的 Z 染色体和 W 染色体之间的差异很小（图 2 - 22），所以核型分析法不适用于南方鹤鸵性别鉴定。

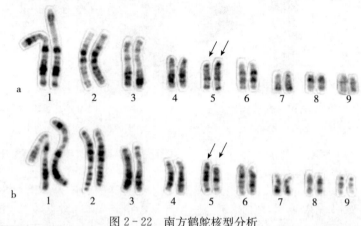

图 2 - 22   南方鹤鸵核型分析

注：a 为雄南方鹤鸵的染色体，b 为雌南方鹤鸵的染色体，第 5 对为性染色体

（图引自：Chizuko Nishida-Umehara 等，1999）

5. 分子学性别鉴定

适用于突胸总目鸟类性别鉴定的 *CHD* 基因和 *EE*0.6 基因，不能用于平胸总目鸟类性别的分子学鉴定。因此，Leon Huynen 等（2002）利用 RAPD 分析了 W 性染色体连锁的相关位点，并用引物 K1 和 K7 成功地对现存的平胸总目鸟类进行了性别鉴定。吴亚江等（2021）提取南方鹤鸵羽毛或血液样本中 DNA，选取 *RASEF* 基因作为靶基因，利用其同源序列进行引物设计，进行 PCR 扩增和测序，根据 *RASEF* 基因序列中的 SNP 位点判断性别。雄性个体在扩增 *RASEF* 基因序列的第 119 位点、157 位点和 162 位点分别为纯合子 G/G、T/T、C/C，而雌性个体在这 3 个位点为杂合子 A/G、T/G、C/T。陈蓉等（2020）提取南方鹤鸵的血液基因组后，利用一对引物 K3 和 K4 进行 PCR 扩增，发现雄性个体扩增无片段，雌性个体出现 600bp 和 1 000bp 的两条片段（图 2 - 23）。该方法能简便、准确地鉴定南方鹤鸵的性别，为繁殖、饲养南方鹤鸵提供依据，是目前比较常用和可靠的性别鉴定方法。

血液、毛囊、皮肤等含有较高品质核酸的样本（样本采集、保存与运输要求详见附录 1）均可使用该方法检测。血液样本的检测准确率较高，而毛囊样本受拔毛、运输、保存等质量因素影响，易出现误差。这种误差主要是由于毛囊等样本中蛋白含量较高，干扰核酸的提取。

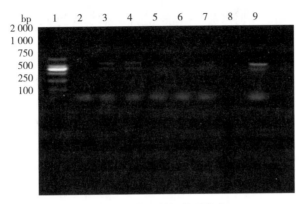

图 2-23 南方鹤鸵性别鉴定

1. 2 000Maker 2~7.6 只未知性别的幼年南方鹤鸵 8. 已知雄南方鹤鸵 9. 已知雌南方鹤鸵

注：其中 2、5、6 已知雄南方鹤鸵的电泳图一样，未见条带，鉴定为雄南方鹤鸵；

3、4、7 和已知雌南方鹤鸵的电泳图一样，可见两条目的条带，鉴定为雌南方鹤鸵

（供图：陈蓉，2019）

6. 腹腔镜性别鉴定

腹腔镜检的方法非常准确。通过腹腔镜可直接观察鸟类的身体内部结构，从而得出结论。成年鸟的性腺器官易辨识，有经验的人员也可以通过腹腔镜鉴定幼鸟性别。

一般在鸟的身体左侧做一个小的切口，使用腹腔镜或耳镜来观察性器官。雄性雏鸟睾丸较小，没有血管分布，性成熟后体积变大，表面有血管分布。睾丸的体积有季节性变化。雌性雏鸟通常看不到卵巢，性腺发育后，卵巢会产生粒状的表面；性成熟后，卵泡呈葡萄状。腹腔镜检的缺点是需要对鸟进行麻醉，且造成伤口，检查的过程中可能会意外伤害其他重要器官，甚至致死。

这种方法目前多用于鹦鹉的性别鉴定，在南方鹤鸵上还未见报道。

7. 超声检查

可以对南方鹤鸵进行直肠介入超声（TIS），评估其繁殖能力，并按照繁殖潜力进行分类。超声检查技术，使区分性器官更加视觉化，有助于性别鉴定，并可通过睾丸的大小和内部结构，或者卵泡的数量和大小、输卵管的外观，评估个体健康状况及性腺生殖活力。

介入式的超声检查，必须对动物进行保定和镇静，通过物理和化学方法来降低风险。按照国际超声检查安全指导方针进行的超声检查未见动物受伤或不适的报道。

（三）南方鹤鸵操作安全管理

南方鹤鸵是世界上公认最危险的鸟类。它们奔跑速度快，双腿强壮有力，

有锋利的爪，遇到危险时（甚至镇静状态下）防御性的前踢和侧踢有很大杀伤力，操作时必须非常谨慎，应把它们当作凶猛动物认真对待。如果操作时，同一空间有多只个体，应观察每一只个体，随时应对突然发动的攻击行为。

6月龄以上的南方鹤鸵应隔笼操作。18月龄以上的南方鹤鸵，同笼操作有很大危险性。如果必须同笼操作，至少应有两人以上，持工具进入。

实践表明，18月龄之后的南方鹤鸵人工保定，有很大风险，同时对动物应激很大，严重者导致动物死亡。一般不建议非麻醉情况下徒手保定。

捕捉、保定、运输南方鹤鸵时，应认真制定方案，最大限度地缩短捕捉和保定时间，减少动物应激，避免人与动物的损伤。

（四）南方鹤鸵的保定方法

应根据南方鹤鸵的年龄和操作目的选择适宜的保定方法。18月龄以下的南方鹤鸵，多采用人工保定，不适宜化学保定。18月龄以上的南方鹤鸵，人工保定有较大风险，可先进行镇静，或全麻后操作。

1. 人工保定

人工保定通常适用于以注射芯片、健康检查或注射疫苗等操作为目的的短时间保定。

（1）3月龄以下南方鹤鸵雏鸟的保定　双手抱持躯体，手指固定双腿，限制其自由活动，但不能握得太紧。

（2）4～10月龄南方鹤鸵幼鸟的保定　从幼鸟身体侧面或后面按压其背部，使其卧下，双手抱住胸腹部，让其双腿离地，夹在保定者腋下，一手绕过胸部固定躯干，另一只手握住双腿（图2-24）。事先将幼鸟隔离至小的空间，有利于保定操作。保定时应果断，以免长时间追逐，发生冲撞、跌倒等意外。

（3）成体和10月龄以上亚成体南方鹤鸵的保定　组建一支由经验丰富、身强体壮、沉着冷静的人员参加的保定团队。事前依据南方鹤鸵体况，制订严密的计划并充分讨论。人员分工明确，熟悉操作流程，清楚保定操作的地点。根据保定目的，提前准备相

图2-24　4～10月龄幼鸟人工保定姿势
（供图：李梅荣，2019）

应的工具材料。保定操作由一人统一指挥，任何计划的改变都应由指挥者清晰地发布。

3~4人手持胶合板、麻袋、衣服等类似工具，从南方鹤鸵的身后慢慢地将其逼到角落或赶进一个通道，一旦南方鹤鸵被驱赶到指定地点，就可以采取捕捉措施。如果南方鹤鸵体型较小，建议一个人先控制住南方鹤鸵身体，直接将其放倒在地上；一只手按压南方鹤鸵的背部，另一只手控制住南方鹤鸵的双腿，将其双腿蜷缩在身体里，成球形。另一个人控制南方鹤鸵的头和颈防止其乱动。如果南方鹤鸵体型较大，应从侧面接近并控制其活动，伺机将其放倒，可能需要一个人从后方抓住其跗关节，控制其双腿的活动幅度。一人控制其头颈部。

所需操作全部完成后，保定人员应同时松手释放南方鹤鸵，并迅速从南方鹤鸵身后以后退方式离开，确保安全后，依次离开笼舍。

人工保定注意事项如下：

在南方鹤鸵熟悉的环境中实施捕捉保定，可以减少应激。但对场地内可能造成危险的障碍物要清理干净。开阔的区域是最佳捕捉地点，这样人与动物都有一定退让空间，避免迎面碰撞而无处躲避。

保定人员将身体的重量施加在南方鹤鸵的背上，同时要注意防范其双腿踝关节以下部分伤到自己，也要注意不要伤及南方鹤鸵的翅膀。

如果侧卧保定，要事先在地面铺垫草，防止因挣扎磨损皮肤。保定南方鹤鸵双腿时应注意将双腿稍微分开，防止跗关节之间皮肤磨损。保定时可将手指置于南方鹤鸵双腿之间，以留出一定空隙。保定人员可将身体的一部分重量压在南方鹤鸵的背部而不是腿上，但要防止腿部骨折或脱臼。保定时间不宜过长，将应激降到最小，同时注意防止体温过高和/或肌肉损伤。同时应考虑到应激状态下胃内容物返流可能引起窒息，因此保定时，南方鹤鸵头部应保持直立。

不建议使用头套盖住南方鹤鸵头部，如果一定要隔绝视线，用一条毛巾或一件衣服遮盖头部即可，便于动物感到不适时摘除。常规保定时，对于腿的固定尽量少用绳索，可以选择衣物替代绳索以起到保护作用。

保定人员不可站在南方鹤鸵腿和胸之间，及任何蹬腿所及的范围内。保定时，南方鹤鸵通常会排泄，所以要注意将泄殖孔远离自己和其他保定人员。

2. 化学保定

化学保定之前，通常建议禁食不少于6h，以防止胃内容物返流导致南方鹤鸵窒息或异物性肺炎。实施麻醉之前，应准备一个枕头，南方鹤鸵麻醉后垫高其头部，防止胃内容物返流，保持呼吸道通畅。地面（最好是房间地面）铺垫草，因为南方鹤鸵进入麻醉之前会跌跌撞撞，这时引导其进入铺满垫草的室内，更加安全。

化学保定药物由兽医决定。实践表明舒泰对南方鹤鸵有较好的麻醉效果（详细信息参考第三章"二、南方鹤鸵的麻醉"）。

麻醉药物一旦起作用之后，保定人员应使用类似麻袋或门板的工具将南方鹤鸵引导至已经铺好垫草计划实施操作的区域，或者围栏内其他相对安全的区域。

化学保定注意事项如下：

化学保定之前应评估南方鹤鸵的体况，判断是否适宜实施麻醉。

麻醉药物一般会抑制动物体温调节中枢，导致体温调节障碍。应注意环境温度过高或过低可能对南方鹤鸵造成的影响，提前做好相应的降温或保温措施。

提前获得南方鹤鸵体重数据，以备精确计算麻醉药剂量。

（五）南方鹤鸵的运输要求

1. 运输笼箱

国际航空运输协会（IATA）管理条例没有规定合适的南方鹤鸵笼箱尺寸。笼箱尺寸过大或过小都容易使南方鹤鸵因冲撞而造成伤害。合适的运输笼箱尺寸应是让南方鹤鸵坐在里面感到舒适又不能随意活动。Atchison 和 Sumner（1991）建议的南方鹤鸵运输笼箱尺寸是 160cm×50cm×135cm。国内用于成年南方鹤鸵运输的笼箱尺寸一般是 140cm×70cm×160cm，采用胶合板或木板材质的运输笼箱。亚成体南方鹤鸵运输笼箱尺寸，依据南方鹤鸵体型大小相应调整。

笼箱要足够结实以防止挤压变形。保证笼箱黑暗并有充足的空气流通。框架应该安装在笼箱的外面，否则容易使南方鹤鸵受伤。笼箱顶部要安装海绵垫或软网，防止南方鹤鸵的头部和颈部受伤；笼箱底板要铺带有纹理的橡胶防滑垫，也可以铺人造草皮或者干草代替。笼箱两侧都应装有提拉门，方便装入或放出南方鹤鸵，但整个运输过程要用螺丝拧紧。笼箱内部不能放置盛放水、食物的容器或者有其他明显的凸起物，否则会对南方鹤鸵造成伤害。

2. 装笼

制订转运计划，提前1周以上通过训练的方式让南方鹤鸵自愿进入运输笼箱是首选。实践证明，驱赶、物理保定或者化学保定装笼等方式，都存在一定风险。

装笼之前，应提前1周以上将笼箱放入南方鹤鸵笼舍，靠着围栏放置或者放在南方鹤鸵进出笼舍的必经之路上。在笼箱周围和笼箱里面喂食，可以让南方鹤鸵更快适应。装笼时，用南方鹤鸵最喜爱的食物引诱其进笼，待南方鹤鸵身体完全进入笼箱，对笼箱已经非常信任后，可将两端的提拉门放下。

也可用麻袋或门板将南方鹤鸵逼到角落，缩小范围直到其进入笼箱。

如果装笼过程中，南方鹤鸵出现明显应激，可注射 10mg 安定或 1mL 阿扎哌隆（Azaperone）和 400mg 维生素 E，以减轻运输应激。

3. 运输

南方鹤鸵一旦装进运输笼箱，应安排有经验的驾驶人员和押运人员尽快运输。短途运输一般选择汽车，长途运输首选空运，基本不考虑海运。运输汽车宜选择全封闭带空调的厢式货车。如果是平板式货车，应将笼箱置于货箱的前端，用帆布将运输笼箱遮盖，防止车辆行驶过程中雨水和气流快速灌入笼箱。

运输过程中应保持车辆行驶平稳，避免快速启动汽车或急刹车。

运输时间超过 12h，建议投喂一些南方鹤鸵最爱吃的食物，如圣女果。可以从笼箱通风口投喂，或者直接将食物投进笼箱。

4. 运输季节

春夏之交和秋季是比较适宜的运输季节。尽量避免炎热的夏季运输。冬季和夏季运输，应选择有空调的厢式货车。

繁殖季节不应该运输成年南方鹤鸵，否则可致雌南方鹤鸵当年不产卵或产卵延期，影响雄南方鹤鸵发情和交尾，甚至可能影响来年的繁殖。

5. 释放

释放南方鹤鸵前，应检查笼舍，清除障碍物、工具等可能伤害南方鹤鸵的物体。南方鹤鸵到达新环境，有必要提供视线遮挡区域，并有合适尺寸的水槽供其饮水。

6. 其他注意事项

和其他动物一样，运输前应考虑运输"七要素"——动物、人员、笼箱、串笼、文件、运输、装卸。

（1）准备齐全南方鹤鸵运输所需文件，包括：检疫证、动物交流协议，以及动物个体资料、饲料配方等有关饲养管理的信息。前两份文件由负责押运的人员携带。

（2）无论运输幼年（一般 12 周龄以上）、亚成体或成年南方鹤鸵，最好一个笼箱只装一只南方鹤鸵。

（3）随车携带南方鹤鸵爱吃、含水分高、保存和投喂方便的食物，以备运输途中所需，以及到达新环境后，作为过渡饲料使用。

（4）短途运输可不饮水，但长途运输应该适当饮水。事先要准备饮水用具。可投喂含水分高的食物，以补充南方鹤鸵所需水分。

（5）在装笼和运输过程中，镇静剂有助于减轻南方鹤鸵的应激反应，但是使用镇静类药物时，应有兽医押运。运输期间，要保护南方鹤鸵免受噪声、颠簸、废气、雨、风、湿气和极端温度等因素的影响。

第三章 南方鹤鸵医疗管理

从饲养经验来看，南方鹤鸵是一种抵抗力较强的动物。有关南方鹤鸵疾病防治方面的文献资料非常有限。本指南整理了当前圈养南方鹤鸵日常健康检查、麻醉、临床检查、支持疗法、疾病防治、剖检等方面的资料，借鉴了相关物种的成熟方案，总结了部分临床经验，为圈养南方鹤鸵的医疗管理提供借鉴。

一、南方鹤鸵的健康检查

日常数据是南方鹤鸵健康评估的重要依据。饲养员日志是健康评估的重要资料。

日常数据主要包括：

（1）身体外在变化　羽毛光泽度、完整性，以及是否有外伤。

（2）行为变化　南方鹤鸵清晨和傍晚行为比较活跃，尤其是春、夏两季。进食前，关注个体精神状况、对饲养员的反应，以及行为活动是否有异常。关注非季节性的行为变化，如跛行等。

（3）食欲　食物种类的选择，食物摄入的速度与摄入量。南方鹤鸵的食欲和采食量有季节性变化，与气候和环境变化有关，有经验的饲养员可根据这两项指标判断南方鹤鸵繁殖季节的开始和终结。如果与繁殖季节无关，则可能是疾病的征兆。

（4）分泌物与排泄物　眼睛、鼻孔是否有分泌物，粪便的质量与外观等。排出未消化食物是一种非常普遍的现象，这与南方鹤鸵消化道比较短的生理结构有关，也与饲料种类和供应量有关。注意泄殖孔及其周围羽毛是否有粪便粘连，排查粪便中是否有寄生虫。

（5）体重　体重是动物健康状况的重要指标，也是兽医用药剂量的重要依据。患病动物表现明显症状之前，往往体重首先显现异常。对于性情刚烈、保定困难的南方鹤鸵，建议每月至少测量一次体重。

建议每年安排一次兽医参与的体检，常规体检项目包括一般检查、功能性检查（X线和B超）、实验室检查（粪便常规检查和血液生化检查）。保存体检数据便于日后查询。

二、南方鹤鸵的麻醉

（一）麻醉前准备

根据麻醉的目的，制订麻醉计划，包括麻醉药物的选择、麻醉方式、麻醉时间，以及检查项目、抢救药物、检查仪器、场地和人员安排等。

在麻醉诱导期和苏醒期，南方鹤鸵会有撞击、站立不稳、剧烈挣扎等情况，给麻醉操作带来风险。如果在室外实施麻醉，应选择在地面不太坚硬的场地进行；如果必须在室内麻醉，应提前对地面、墙面做防撞处理。麻醉状态下，动物体温调节发生障碍，此时应仔细监测南方鹤鸵体温，冬季做好保温，夏季防太阳直晒。相应设施设备应提前准备。

麻醉前禁食，以降低内容物反流和窒息的风险。南方鹤鸵的消化道很短，消化代谢时间也较短，所以禁食时间不得低于鸟类 6h 的消化代谢时间。

（二）麻醉方法和药物选择

1. 麻醉方法

用吹管式注射器吹注是最常用的麻醉给药方法。建议在南方鹤鸵低头采食时吹注，可以提高吹注的成功率。吹注的最佳部位为大腿外侧肌肉丰富的区域，理想的麻醉部位和姿势（图 3-1、彩图 24）。通常情况下，吹注麻醉药物后，再通过静脉注射或气体麻醉来维持。

对体况虚弱或训练较好的南方鹤鸵，可以采用戴面罩直接气体麻醉（图 3-2）。

图 3-1　南方鹤鸵吹注麻醉药的理想姿势和部位（"×"所示）

（供图：周雪阳，2022）

图 3-2　南方鹤鸵戴面罩气体麻醉

（供图：章小小，2018）

2. 麻醉药物选择

麻醉药物及其剂量、效果取决于南方鹤鸵体重、年龄、身体状况、可实施性以及设施条件等（表 3-1）。

表 3-1　南方鹤鸵麻醉剂量及效果评估

药物	剂量和给药途径	效果评估	参考资料
埃托啡	3～10mg/kg，IM	用二丙诺啡（0.2mg/kg）拮抗埃托啡	Stoskopf 等，1982
阿扎哌隆	1～2mg/kg，IM	紧跟诱导期，顺利复苏	Speer，2006
阿扎哌隆	0.2～0.3mg/kg，IM	人工辅助顺利复苏	Biggs，2013
阿扎哌隆	1mg/kg，PO	有效，保持站立	Biggs，2013
乙酰丙嗪马来酸酯（水剂）	0.5～1.0mg/kg，PO	50%有效	Stefan，1990
乙酰丙嗪马来酸酯（颗粒剂）	5mg/kg，PO	很成功	Stefan，1990
氟烷	0～5%	用异氟烷更安全	Ensley 等，1984
异氟烷	0～5%	极好，节省用药	南京市红山森林动物园，2018
美托咪定	0.3～0.54mg/kg，IM	重度镇静，40～139min 恢复，拮抗剂阿替美唑（15～80mg/kg，IM）	Westcott 和 Reid，2002
美托咪定	0.26～0.31mg/kg，IM	轻度镇静，40～139min 恢复，拮抗剂阿替美唑（15～80mg/kg，IM）	Westcott 和 Reid，2002
舒泰®	2～8mg/kg，IM	快速倒下，无解药，但恢复期可用地西泮缓和挣扎症状	
舒泰®	4～8mg/kg，IM	视体质状况调节剂量，麻醉效果良好，苏醒时间较长，激烈挣扎，注意防范撞击	南京市红山森林动物园，2017
舒泰®	7.5mg/kg，IM		Campbell，2014
阿扎哌隆	1～2mg/kg，IM		Speer，2006
阿扎哌隆	0.2～0.3mg/kg，IV		Speer，2006
阿扎哌隆	1mg/kg，PO		Speer，2006

注：IM，肌内注射；IV，静脉输液；PO，口服。

（三）麻醉监测

不应让胸骨受到压迫，避免干扰正常呼吸。全身麻醉期间需将头部稍微垫高防止食物反流。充气的带气囊内插管可能导致南方鹤鸵气管环压迫性缺血坏死，建议使用适当大小的无气囊气管内插管，以降低吸入性肺炎的风险。

麻醉期间应该做全面记录，包括连续监测心率、呼吸频率、体温和其他显著的临床表现。如果麻醉的时间较长或者预计可能有大量的失血，应及时采取输液措施。

Campbell 等（2014）对比分析，发现 5 只成年和 5 只亚成体南方鹤鸵在 7.5mg/kg 舒泰吹注后，心率和呼吸的变化趋势相似（图 3-3）。麻醉前心率均＞85 次/min，给药后迅速降至＜60 次/分钟，但之后保持相对稳定，按＜5 次/min 的增加幅度直到南方鹤鸵卧位苏醒。亚成体的呼吸频率比成年南方鹤鸵少 40％，但是麻醉后呼吸频率下降的幅度是一样的。

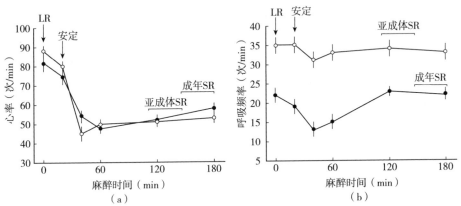

图 3-3　舒泰麻醉 20min 后南方鹤鸵呼吸和心率的变化

注：● 成年南方鹤鸵的平均值（$n=5$）；○ 亚成体南方鹤鸵的平均值

（$n=5$）；LR 为侧卧时间；SR 为俯卧时间

（图引自：Campbell，2014）

（四）麻醉苏醒期的管理

南方鹤鸵麻醉苏醒过程中应置于黑暗的四周有软垫缓冲的环境中，将头部垫高，并使胸骨处于平卧状态。南方鹤鸵苏醒过程中可能发生剧烈挣扎，应寸步不离监视苏醒全过程，随时处理突发状况，直到它完全清醒，自己能够维持正常的头部姿势后，护理人员才可离开。南方鹤鸵麻醉苏醒后，6～12h 再给水和食物。

扫描左侧二维码，观看南方鹤鸵麻醉苏醒的视频。（视频来源：杜颖）

（五）麻醉并发症

南方鹤鸵很容易发生腓神经麻痹，仅保持一个姿势侧躺 1h，就可能发生腓神经麻痹。在麻醉期间应该提供一些垫料，以减少神经病变和肌肉炎症的发生。

虽然过劳型横纹肌溶解症在平胸总目鸟类中很少发生，但操作粗暴、操作时间过长、环境温度过高等因素都会增加该病发生的风险。温和地进行操作，监测南方鹤鸵体温（正常体温在 40℃左右），当其体温超过 41℃时采取适当的措施，降低该并发症的发生。

麻醉时应使呼吸频率维持在 6～12 次/min，呼吸规律、深而稳定。全身麻醉状态下，过高的供氧可致动物发生低碳酸血症而死亡。当发生呼吸暂停时，可能表示即将发生心脏骤停，应评估麻醉深度并相应降低。这时应按 2～4 次/min 输入 100% 氧气，同时对心血管系统进行评估。吸氧和静脉注射多沙普仑（Doxapram，5mg/kg）可能是有益的。心脏骤停往往预后不良，对鸟类物种做心脏复苏往往不成功。

三、南方鹤鸵的临床检查

对南方鹤鸵的体况做出评估后，再决定是否进行详细的身体检查。

（一）常规检查

检查应该从南方鹤鸵头部开始，眼睛、鼻和口腔，以及其他任何不对称之处都应该注意。应检查其耳道是否有外寄生虫，颈部有无肿胀或其他异常。触摸胸骨、肋骨和背部的脂肪和肌肉，以确定南方鹤鸵体况是否与体重数据的变化符合。

如有可能，应弯曲南方鹤鸵双腿，并仔细评估其损伤或异常，特别注意关节。

检查腹水（腹胀），以及其他炎症，各类渗出物、肿胀、肿块或寄生虫。

同时，收集南方鹤鸵个体基本生理数据，如体重、体温、呼吸次数、心率等（参见附录 2 至附录 4）。必要时采集粪样、血样，完成粪常规、血液常规和血液生化检查。

（二）血液检查

由于南方鹤鸵翅膀退化，肱静脉非常细，与大多数鸟类一样，左颈静脉相对较细。一般通过右颈静脉或内侧跖静脉采血（图 3-4、彩图 25）。由于鸟类血液受乙二胺四乙酸（EDTA）影响较大，一般选用含肝素钠的采集管储存抗凝血。

两侧的颈静脉采血输液易造成血肿，尤其突然移动时颈静脉容易撕裂。采血后应按压至少 2min，以进行良好的止血。建议使用注射器和 23～21 号针收集血液。每千克体重采集 5mL 血液是安全的。

南方鹤鸵有关血液常规和生化指标参考表 3-2 和表 3-3。

图 3-4　南方鹤鸵内侧跖静脉采血
（供图：李梅荣，2017）

表 3-2　南方鹤鸵血液常规和生化指标参考数值

项目	单位	平均值	标准差	最小值	最大值	样本数（只）
白细胞	$\times 10^9$个/L	17.55	7.604	8.58	31.6	7
血细胞	$\times 10^{12}$个/L	3.1	2.65	1.55	7.07	4
血红蛋白	g/L	174	34	135	200	3
血细胞比容	%	48.1	7.9	33.5	58	8
平均血细胞体积	fL	167.3	103.8	47.4	229.3	3
平均血红蛋白含量	pg/L	97.3	9.1	87.1	104.5	3
平均血红蛋白浓度	g/L	451	9	444	457	2
中性粒细胞	$\times 10^9$个/L	11.14	4.749	6.43	20.9	7
淋巴细胞	$\times 10^9$个/L	5.063	2.878	2	9.45	7
单核细胞	$\times 10^9$个/L	1.09	0.987	0.086	2.844	6
嗜酸性粒细胞	$\times 10^9$个/L	0.3	0.149	0.194	0.405	2
嗜碱性粒细胞	$\times 10^9$个/L	0.429	0.268	0.186	0.81	4
葡萄糖	mmol/L	9.63	2.92	5.45	12.8	7
尿素氮	mmol/L	1.07	0.357	0.357	1.43	7
肌酐	μmol/L	26.5	8.84	8.84	35.4	3

（续）

项目	单位	平均值	标准差	最小值	最大值	样本数（只）
尿酸	mmol/L	65.2	170	0.242	450	7
钙	mmol/L	2.73	0.3	2.28	2.98	7
磷	mmol/L	1.81	0.517	1.16	2.36	6
钠	mmol/L	141	2	138	143	6
钾	mmol/L	2.7	0.8	1.8	4.1	6
氯	mmol/L	100	2	97	102	6
碳酸氢盐	mmol/L	21.7	4.6	17	28	6
血清总蛋白	g/L	56	9	45	75	8
白蛋白	g/L	31	11	18	44	6
球蛋白	g/L	23	15	11	42	6
谷草转氨酶	U/L	581	351	269	1 399	8
谷丙转氨酶	U/L	49	27	21	84	4
碱性磷酸酶	U/L	241	291	54	821	7
总胆红素	μmol/L	3.42	1.71	1.71	6.84	6
胆汁酸	μmol/L					
胆固醇	mmol/L	1.92	0.416	1.25	2.37	6
肌酸激酶	U/L	736	442	365	1 335	4

数据来源：Species 360。

表 3-3 6 月龄南方鹤鸵血液生化指标参考数值

项目	单位	平均值	标准差	最小值	最大值	样本数（只）
丙氨酸氨基转移酶	U/L	16.4	2.2	14	18	5
天门冬氨酸氨基转移酶	U/L	558.4	55.8	513	652	5
总胆红素	μmol/L	1.15	0.2	1.4	0.9	5
直接胆红素	μmol/L	0.65	0.05	0.7	0.6	5
间接胆红素	μmol/L	0.5	0.05	0.7	0.2	5
总蛋白	g/L	33.5	2.64	36.2	29.4	5
白蛋白	g/L	19.2	1.04	17.6	23.1	5
球蛋白	g/L	13.6	2.34	10.2	15.7	5
碱性磷酸酶	U/L	373.6	2.3	313	478	5

（续）

项目	单位	平均值	标准差	最小值	最大值	样本数（只）
谷氨酰基转移酶	U/L	37	13.4	26	52	5
肌酸激酶	U/L	25 684.6	35 163.1	261	79 000	5
尿素	mmol/L	0.15	0.05	0.09	0.21	5
肌酐	μmol/L	2.25	1.5	1	4	5
葡萄糖	mmol/L	7.59	1.1	6.48	9.34	5
淀粉酶	U/L	6 794.6	576.2	5 798	7 040	5
钾	mmol/L	2.11	0.5	1.52	2.51	5
钠	mmol/L	141.5	1.9	139.4	144.7	5
氯	mmol/L	95.1	1.7	93.1	97.4	5

数据来源：南京市红山森林动物园。

（三）粪便检查

健康南方鹤鸵的正常粪便，取决于给予的食物，包含未消化的种子、果皮和部分消化的水果块，潮湿但水分不高，没有明显分离的尿酸盐成分。

粪便异常时可见分离的尿酸盐和/或亮绿色、深绿色到黑色黏液样腹泻物。在繁殖季节（低食欲期）也观察到在健康雌南方鹤鸵粪便中有明显分离的尿酸盐成分的深绿色粪便。稀便中，需要检查寄生虫，通常线虫较易发现。

（四）X线检查

X线检查的参数可根据动物的体重、肌肉厚度等因素来调节。头部拍摄（图 3-5）参数为 50kV，2mAs，50ma；腿部由于肌肉比较厚，拍摄参数为70kV，2mAs，50ma。

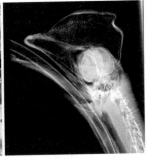

图 3-5　南方鹤鸵头部 X 线检查及其成片

（供图：杜颖和陈楠，2018）

四、南方鹤鸵的支持疗法

（一）人工喂食

人工喂食是厌食南方鹤鸵重要的支持方法。需要熟悉该动物的饲养人员谨慎地操作。可以直接将食物塞入口腔，但要注意避开气管入口。

（二）胃管投食

对南方鹤鸵采用胃管插管投喂需要在保定稳固的状态下进行。

对于成年南方鹤鸵，应选用末端圆形、光滑，直径为 20mm 或略小的软聚氨酯或硅胶胃管。南方鹤鸵食道仅由薄的纵向肌肉组成，插入时动作应谨慎轻柔。

（三）液体疗法

可以采取上述人工饲喂和胃管等方法将液体送入消化道。静脉输液也是常用且有效的支持疗法。

五、南方鹤鸵的疾病预防

（一）检疫

引进南方鹤鸵时应详细了解当地的疫病情况，并严格检疫。检疫期一般30d。检疫合格后才能正常饲养和展出。除临床观察、寄生虫检查外，常规的检疫项目包括禽流感、新城疫等重大禽类传染病，结合当地疫病流行情况进行检疫。

检疫期内建议进行 2 次驱虫，并要求粪检寄生虫为阴性。

检疫结束前，可根据本地疫情规律接种疫苗。

（二）疾病预防措施

在圈养环境中，南方鹤鸵发病较少，主要以预防为主，每年春、秋两季进行常规粪便检查，预防性驱虫。对于南方鹤鸵生态型圈养笼舍，加强自然土质地面土壤及垫料的定期更换，是预防疾病的重要措施。

冬季接种 1 次禽流感和新城疫疫苗。

六、南方鹤鸵常见疾病诊治

总体而言，南方鹤鸵是一种抗病力较强的物种。正常饲养条件下，发病率低。

以下概述一些南方鹤鸵临床疾病案例，以及某些平胸总目鸟类物种曾经罹患的疾病，仅供参考。

（一）营养性疾病

营养性疾病大多由于维生素、微量元素不均衡所致，诊断病因须了解饲料品种、饲喂方式、采食偏好等信息，必要时结合血液生化、代谢试验等实验室分析。

1. 维生素和微量元素缺乏

（1）维生素 A 缺乏　患病南方鹤鸵出现溢泪症，口腔脓肿，生长减缓，任何年龄段都易发生。通过适度增加杏、西瓜、杧果、油桃、木瓜、桃等水果，以及熟胡萝卜和熟甘薯，来补充维生素 A。

（2）维生素 B_1 缺乏　患病南方鹤鸵临床出现嗜睡、虚弱、食欲减退、消化不良，以及阵发性肌肉震颤、头部后仰等似多发性神经炎症状（观星症）。

（3）维生素 B_2 缺乏　患病南方鹤鸵脚趾麻痹弯曲或类似弯曲（爪紧握，脚趾向内弯曲）。

（4）维生素 B_6 缺乏　近成年南方鹤鸵出现鹅形步态。

（5）维生素 D_3 缺乏　主要见于室内饲养的南方鹤鸵雏鸟。3～4 周龄时步态缓慢而痛苦。

（6）维生素 E 缺乏　南方鹤鸵雏鸟阶段多发，出现肌肉变性、轻瘫、体重增长滞缓等。血液生化指标中天门冬氨酸氨基转移酶（AST）和肌酸激酶（CPK）值偏高。治疗可以采取抗菌、止痛和营养支持疗法，同时适度增加猕猴桃、油桃、木瓜、桃等水果，以及番茄、熟胡萝卜和熟甘薯来补充维生素 E。

（7）铁缺乏　患病南方鹤鸵出现贫血，精神萎靡，体重下降。

（8）锰缺乏　患病南方鹤鸵出现滑腱症。

2. 骨软化

所有平胸总目鸟类幼年期易发。可能是先天因素，或由于采食高脂肪和高蛋白质饲料，导致胫骨和跖骨快速生长。临床症状表现为腿部畸形和生长障碍，胫骨或跖骨水平旋转，跗关节 X 样变形，也可能发展为单侧滑动性肌腱畸形。早发现并早期治疗预后良好，否则产生不可逆畸形。建议调整膳食结构，蛋白质含量不高于 15%，钙磷比约为 2∶1。在日常饮食中，适量增加猕猴桃、油桃、木瓜、桃等富含维生素 E 的水果，或番茄、熟胡萝卜和熟甘薯。适当增加香蕉、哈密瓜、豌豆等富含硒的果蔬。

3. 羽毛脱落

通常考虑的因素有：生理性换羽、体外寄生虫、营养缺乏、应激、笼舍环境单调等。

生理性换羽有明显季节性，秋冬转换季节换羽频繁，其他季节零星脱落。

体外寄生虫病引起的羽毛脱落多为非对称性（图3-6、彩图26），且常伴有皮肤病变。

营养缺乏引起的羽毛脱落，冬春季节多发，颈部腹侧、胸、尾、大腿等部位对称性渐进性羽毛脱落，裸露暗红色皮肤，春季逐渐长出新羽；或伴有瘦弱，羽毛干涩、零乱。

雄南方鹤鸵出现羽毛脱落症状，通常变得胆小易惊，可能影响交尾繁殖；雌南方鹤鸵出现羽毛脱落症状，通常不影响产卵。

通过隔离饲养，增加柔软易消化饲料（番茄、草莓、猕猴桃等）和动物性饲料比例，添加红枣和禽用复合维生素与微量元素，可改善症状。

图3-6　非对称性羽毛脱落
（供图：丁爱萍，2020）

（二）寄生虫病

所有平胸总目鸟类物种的所有年龄段都会感染。导致生长迟缓，产卵率下降。

南方鹤鸵感染线虫，症状以腹痛、腹泻、消瘦为主。可用粪便漂浮法或直接涂片法诊断。可口服伊维菌素预防线虫感染。

吡喹酮按7.5mg/kg（按体重计）或芬苯达唑15～25mg/kg（按体重计）可以治疗绦虫感染。

南方鹤鸵各年龄段均可感染弓形虫。可能因采食受污染的土壤或肉制品，出现急性衰竭、呼吸困难、血性腹泻、厌食等症状。建议用甲氧苄氨嘧啶，以50mg/kg（按体重计）剂量口服，连续用药9d。

预防措施主要为：防止猫进入南方鹤鸵笼舍；加强饲料用肉品检疫；加强笼舍地面卫生，及时清除污染土壤。

（三）细菌性疾病

1. 禽结核病

南方鹤鸵、鸵鸟、鸸鹋均可感染禽结核分枝杆菌。临床症状：病鸟渐进性消瘦（胸肌萎缩超过胸骨）、抑郁、腹泻、呼吸困难、产卵量减少、虚弱等；同时白细胞数升高，血细胞数降低。可以通过皮内结核菌素测试、PCR、ELISA等方法诊断。该病为人兽共患病，通常不建议治疗。尸检可见典型的肉芽肿结节，可能存在于肝、脾、肠或肠系膜淋巴结。肉芽肿块可能出现在器官内或邻近器官。

　　Krajewska（2015）报道了波兰动物园一只2.5岁的南方鹤鸵，外观健康，体型偏小，突然倒地不起，后被安乐。解剖发现肝脏和脾脏呈现典型的禽结核病病变，并分离到鸟分枝杆菌（图3-7、彩图27）。脾脏呈淡绿色至暗红色（图3-8、彩图28），伴有肉芽肿性病变；肝脏呈深褐色（图3-9、彩图29），质地脆弱，伴有大量化脓性肉芽肿。

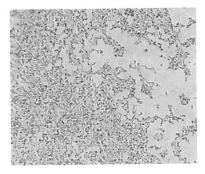

图3-7　抗酸杆菌的显微照片（Ziehl-
Neelsen 染色）

（图引自：Krajewska，2015）

图3-8　患禽结核病南方鹤鸵的脾脏

（图引自：Krajewska，2015）

图3-9　患禽结核病南方鹤鸵的肝脏

（图引自：Krajewska，2015）

2. 肉毒梭菌病

　　鹤鸵和非洲鸵鸟各年龄段均可患肉毒梭菌病。由摄入肉毒梭状芽孢杆菌产生的毒素引起。例如，直接饲喂尸体或采食尸体上的蛆或饮用含有腐肉的水，导致自主肌肉瘫痪和麻痹。一般从翅膀开始，然后是内眼睑膜，发展至颈部肌肉，最后出现虚弱和共济失调。可以对血清、肝脏组织或胃肠道冲洗液进行毒素分析。早期可用抗毒素并结合液体疗法进行治疗。一些患病动物不经治疗也会康复。建议清除外围环境和水源中任何未处理的动物性食物,天气炎热的季节尤其如此。

3. 大肠杆菌病

大肠杆菌普遍存在于自然环境和动物肠道中。湿度较大的环境中更容易发病。

大肠杆菌是成年南方鹤鸵肠道菌群的一部分。卵壳上的污染物增加了种卵污染的机会,也会污染孵化器,严重时造成胚胎死亡。育雏室粪便堆积、空气潮湿等因素有利于大肠杆菌的生存和繁殖,病菌污染饲料、饮水,从而继发肠炎。

可以根据细菌分离和药敏试验结果,相应给予抗生素治疗。抗生素须轮换使用以防产生耐药性。

通过营造干燥卫生的育雏环境,及时清理粪便和污染的垫料,保持干净的饮水,同时做好通风、消毒、疫苗接种等措施预防。

4. 沙门氏菌病

所有平胸总目鸟类均可患病,没有特定临床体征,以腹泻为主。可通过细菌分离鉴定、PCR 检测诊断。治疗以抗生素为主,注意菌株耐药性问题。

(四) 霉菌病

以曲霉菌病较为常见。曲霉菌病由烟曲霉(*Aspergillus fumigates*)、黄曲霉(*Aspergillus flavus*)和黑曲霉(*Aspergillus niger*)引起。多发于卫生不良、环境潮湿的动物,或因动物体质衰弱,并发于其他疾病。临床症状包括多发性贫血,多尿,发绀,以及其他非特征性症状如体重减轻,渐进性虚弱,绿色水样腹泻,厌食,呼吸困难。病变主要在肺部。诊断方法:通过内镜活检;气囊冲洗液进行细胞学检查和培养;X 线检查辅助诊断;MRI 用于脑部局灶性肉芽肿检查。早期治疗预后佳,否则预后不良。建议冲洗笼舍后,不要有积水;提供良好的通风,降低湿度;慎用稻草作为垫料;日常消毒推荐用季铵盐类消毒液;必要时给予抗真菌药进行预防。

(五) 病毒病

1. 新城疫

南方鹤鸵在所有年龄段均易感。表现为精神沉郁,斜颈,颈部抽搐,肢体麻痹,肌肉震颤,共济失调,角弓反张,不能站立,腹泻,厌食,结膜炎、鼻炎,打喷嚏,咳嗽,呼吸困难,停止产卵等。诊断:血凝抑制试验(HI),血球凝集试验(HA),PCR。预后较差。没有合适的治疗措施,主要依靠接种疫苗预防。注意该病可通过人传播。

2. 禽流感

未见病例报道，但南方鹤鸵可能感染该病，故建议每年定期接种疫苗。

3. 东方马脑炎

东方马脑炎病毒（Eastern equine encephalitis virus，EEEV）是一种以脑炎为主要临床特征的人兽共患病，感染宿主很广，主要通过虫媒传播。可致鹤鸵和鸸鹋发病。病鸟表现嗜睡、呼吸困难，急性发作共济失调。Guthrie（2015）报道在 2014 年夏天，弗吉尼亚动物园在 2 周内发生了 4 只南方鹤鸵急性死亡，包括 3 只 27 日龄的雏鸟和 1 只成年南方鹤鸵，其中 2 只无症状死亡，另 2 只表现出呼吸困难、精神迟钝、虚弱、嗜睡和厌食症状。血液检查发现白细胞增多、高尿酸血症和肝酶升高，提示全身炎症。血浆蛋白电泳显示 β-球蛋白升高，提示急性炎症。

病鸟尸检发现体腔炎和腹泻。组织病理学检查发现脑炎、血管炎、肝炎、肾炎和脾炎。通过 PCR 检测脑组织，证实了 EEEV 的存在。

建议接种疫苗，同时加强蚊虫杀灭。

（六）外科疾病

1. 运动性肌病

过度兴奋、应激等因素引起的运动过度，导致肌肉组织血液循环障碍、乳酸中毒，进而发生肌肉溶解，并发肾脏疾病。临床表现为肌肉疼痛和肿胀，严重者出现机体僵硬，呼吸过快，肺塌陷，肌红蛋白血症和急性肾衰竭等。实验室诊断可根据血清中钾、磷和肌酸激酶增加作为依据。治疗原则为减少应激、调整酸中毒、控制体温等，必要时可使用肌肉松弛剂（如地西泮）。

预后状况取决于病情严重程度。该病应注重预防，发现南方鹤鸵过度兴奋、奔跑时应及时排除应激源，使其保持安静。

2. 腿部畸形

幼年南方鹤鸵的腿畸形和发育不良较常见。主要原因有钙、磷缺乏或比例失调，蛋白质饲料饲喂过多，以及遗传、外伤等原因。体重增长过快的个体易发，过大的卵黄囊也能导致双腿外展。该病应早诊断早治疗，可以采取外固定措施正畸，但往往预后不良。

该病以预防为主。加强幼年南方鹤鸵日常体格评估，监测整体外观、体重变化、行走姿态、采食、粪便等状况，尤其应关注关节是否肿胀、变形。

3. 骨折

主要由外力作用引起。根据外伤和局部症状不难做出诊断。软组织挫伤或肿胀严重时，须进行 X 线检查，以确定骨折的形状、移位情况。根据骨折部位不同，采用外固定、内固定、支架或综合措施。

南方鹤鸵在任何年龄都会发生骨折，预后取决于南方鹤鸵年龄、体型大小，以及骨折部位和骨折程度。幼鸟一般预后较好。成年南方鹤鸵易形成开放性骨折，或因应激形成二次骨折，预后情况不明。

预防措施：提供环境适宜的笼舍条件，控制应激源；非繁殖季南方鹤鸵易发生奔跑、争斗，地面应注意防滑处理；笼舍间要有严格的视线遮挡；围栏缝隙以及围网孔径大小应至少让南方鹤鸵的脚无法伸入。

4. 疝

主要由创伤引起。通过触诊、B超检查等方式诊断。通常需要手术治疗，如有坏死，需要把坏死的部分切除。

5. 掌炎

主要由于笼舍面积过小、环境单调或地面过硬引起。表现为患肢不愿负重，站立困难，跛行，脚垫出现肿胀、出血、不对称等情况。可采取活血化瘀、消肿的保守治疗方法，严重者可采用手术方法切除病灶。建议提供多种材质的地面供南方鹤鸵选择，从而减少该病的发生。

6. 喙损伤

多由于南方鹤鸵受惊吓撞击或隔笼打架引起。常见上喙角质化表皮破损，露出鲜红的皮下组织，伴有出血、炎症（图3-10、彩图30）。严重时引起结缔组织增生或喙变形，甚至骨折。由于南方鹤鸵鼻孔的位置靠近喙的末端，撞击常伤及鼻孔，而该部位的组织增生会导致鼻孔狭窄，引起呼吸困难，表现为咽部气室臌胀，眼瞬膜凸出。南方鹤鸵鼻翼有丰富的血管，损伤可致严重出血。

图3-10　南方鹤鸵喙损伤
（供图：陈圆圆，2018）

喙轻度受损，可自行痊愈。必要时针对受伤出血情况采取相应措施。因组织增生致鼻孔狭窄时，可施鼻孔修复术，用强的松龙抑制组织增生。

南方鹤鸵胆小易惊，应给予足够大的笼舍面积，笼舍内种植丰富的植物，增加视线遮挡，同时控制应激源，否则损伤难以避免。

（七）内科病

1. 痛风

任何潜在导致肾损伤的因素都可以引起痛风，如传染病、营养问题、有毒物质等。病鸟主要表现为食欲减退、嗜睡、体重减轻、粪便和体温异常。尸检时，发现内脏和/或关节有尿酸盐沉积。可以通过询问病史、饮食分析、影像学诊断、血液生化检查、关节液中尿酸晶体检查等诊断。除对症治疗外，还需减少蛋白质摄入和补充维生素 A。

2. 输卵管炎

主要由细菌感染引起。南方鹤鸵产卵期输卵管肌肉疲劳，泄殖腔细菌上行导致输卵管感染。多发于繁殖季节，通常在产卵周期结束后观察到。严重时出现抑郁、嗜睡、厌食、绿色尿酸或停止产卵等症状。最常分离到大肠杆菌，也分离到鸡毒支原体、沙门氏菌、链球菌和多杀性巴氏杆菌。

血液检查提示急性或慢性炎症/感染。临床检查揭示非功能性输卵管和卵巢的萎缩。

治疗以广谱抗生素为主。

3. 卵黄囊吸收不良

该病多发于鹤鸵和非洲鸵鸟。病鸟表现为食欲不振、腹部肿胀、呼吸困难、运动耐力差、不能站立或行走、体重减轻以及生长发育不良。可采取手术切除卵黄囊或采用抗生素治疗。预后取决于发现和采取措施的时机。人工孵化的温度与卵黄吸收情况关系密切，详见第二章"五、南方鹤鸵的圈养繁殖"之南方鹤鸵的人工孵化部分。

（八）中毒病

1. 维生素 E-硒化合物中毒

该病由口服过量维生素 E-硒化合物引起，病鸟表现为急性死亡，伴肺水肿和充血；肝脏检测发现硒范围为 6.97～9.8mg/kg。

2. 加州栎（*Quercus agrifolia*）叶中毒

病鸟表现为严重腹泻、颤抖、厌食、多饮。该树叶能造成肾脏损伤。

（九）肿瘤

患病成年南方鹤鸵表现食欲时好时坏，肛门外翻，经常规治疗无效后死亡。解剖发现腹腔内有大量乒乓球至鸭蛋大小的圆形疑似肿瘤物（图 3-11），黏膜充血，腹水混浊且有干酪样物质，心冠水肿，心肌质软。

图 3-11　南方鹤鸵疑似腹腔肿瘤
（供图：邹建强，2019）

七、南方鹤鸵的剖检

由于对南方鹤鸵进行常规临床检查有一定的困难，可以利用已死亡的南方鹤鸵进行彻底的检查，积累经验，有助于其他个体疾病的治疗和预防。

解剖人员应做好防护措施，解剖器具尽可能齐全，解剖室应光线充足、空气通畅、场地干燥。

尸体外部检查包括称重，查看营养状况，观察被毛、皮肤、天然孔是否有外伤和渗出液等。然后用消毒剂对羽毛进行湿润，防止羽毛碎屑和潜在的病原体形成气溶胶。

尸体呈仰卧状，切开皮肤和龙骨，观察皮下组织有无出血、水肿、创伤等情况；检查体表淋巴结大小、颜色及有无出血、坏死等病变；检查胸腔内有无积液、积气、粘连等。若胸腔有积液，应用注射器采集送实验室检测。检查胸腔各脏器位置，有无粘连、扭转；检查各脏器有无肿大，有无破裂出血及病变。例如，脾脏是否肿大，胃、肠有无胀气，小肠有无扭转、套叠；肠系膜淋巴结有无肿大；胰腺有无出血、坏死。检查肝脏时，注意肝脏表面、大小、色泽，切面是否外翻及其小叶结构是否可见；观察胆囊是否充盈，胆汁颜色和浓稠度是否正常。找到双肾，观察双肾形状、大小、结构等，并做比对。剪开气管及支气管，观察腔内有无异物或炎性渗出物，内壁有无充血、出血或是肿块；注意双肺各叶色泽。检查心包有无异常，观察心脏大小、心外膜的颜色和血管状况，以及心肌厚度、硬度和颜色等。检查泄殖腔。可以切开趾间关节检查是否有尿酸盐沉积。

完整的皮张可以加工成动物标本，注意保留皮张的完整性。

采集需要进一步化验的组织样本。无用部分进行无害化处理。无害化处理前，先将尸体装袋冷冻保存。

操作过程中注意解剖人员的安全。解剖结束后，必须对解剖室进行清洁消毒，统一收纳保管解剖器具。解剖结果应详细记录并归档，便于日后查找。

第四章 南方鹤鸵饲养存在的问题和研究建议

一、南方鹤鸵饲养存在的问题

(一) 种群规模小

虽然野外南方鹤鸵种群数量稀少，已被列入濒危物种行列，但由于其内在的观赏价值、环境价值和教育价值没有得到充分挖掘和展示，使其成为不被广泛知晓和接受的"小众"物种。截止到 2022 年，全国近 300 家野生动物饲养机构只有 26 家圈养了共 100 只南方鹤鸵。种群的发展主要依赖国外进口，现有种群规模难以维持遗传多样性的稳定。

(二) 机构间缺乏动物交流

据统计，全国现有圈存南方鹤鸵一半以上从国外引进，且个体信息普遍不清晰。因展示、繁殖而通过国内机构间交流的案例很少。

(三) 性别鉴定困难

南方鹤鸵缺乏明显的外部性二态特征，从外观上难以分辨性别。幼年南方鹤鸵均有类似阴茎的器官，通过泄殖腔检查难以判定性别。资料显示，触诊泄殖腔突出物可以判别亚成年和成年南方鹤鸵的性别，但需要对南方鹤鸵进行保定，并要求操作者掌握翻肛技术。分子生物学是目前鉴定南方鹤鸵性别唯一可靠的方法。多数机构不具备该技术条件。

(四) 繁殖困难

与鸸鹋、非洲鸵鸟和美洲鸵鸟相比，南方鹤鸵很难在圈养条件下繁殖。澳大利亚地区的一些机构取得了较好的繁殖成绩，是因为繁殖对多产的缘故。在过去的 50 多年里，澳大利亚圈养鹤鸵只有 15 对成功繁殖。大洋洲以外地区只有少数鹤鸵饲养单位繁殖成功。

20 世纪 60—70 年代，北京动物园、上海动物园曾在南方鹤鸵繁殖方面取得不错成绩。此后，南方鹤鸵繁殖留下近 30 年空白。2000 年前后从国外引进的数批南方鹤鸵，绝大部分没有留下后代。最近 10 年来，南京市红山森林动物园、广州动物园、广州长隆野生动物世界、石家庄动物园开展南方鹤鸵繁殖均取得成功，现有成年鹤鸵 70 余只，但只有 3 个繁殖对有望繁殖。多数未配对，或配对未繁殖。

（五）潜在的近交风险

20 世纪 90 年代，国内动物园开始纷纷引进南方鹤鸵，这些个体成为目前饲养种群中的主要成员。但因年代久远，原始资料无从查证，无法确认这些个体是否存在亲缘关系。南京与北京合作繁殖产生的后代数量多，并且它们的后代数量占整个种群数量的比重很大。显而易见，在种群数量本就很少的情况下，这对于今后南方鹤鸵种群的发展是非常不利的。

性别鉴定、确认个体间亲缘关系是有效进行种群管理的前提。打破饲养机构间的壁垒，加强技术交流和繁殖合作，加强物种研究和种群管理以及保持遗传多样性，是解决南方鹤鸵可持续发展的必由之路。

二、研究建议

（一）开发保护教育项目

鹤鸵是大洋洲特有物种，其消化结构与鸟类有很大差异，即使与平胸总目鸟类也有很大不同。鹤鸵胃对食物挤压而非研磨，其肠道很短，食物在消化道中停留的时间短则 2h，长则 4h，往往未经过充分消化即排出体外，尤其植物种子往往还保留活性。因此，鹤鸵在植物种子传播，维护雨林生态多样性方面发挥了重要作用。在澳大利亚北部和新几内亚的雨林中，鹤鸵通过它们的排泄物传播 150 多种树木的种子，其中至少 80 种树木的种子完全依赖鹤鸵传播。可据此开发保护教育项目，让这种神秘的雨林物种清晰地展现在人们面前，发现它在植物多样性中的重要价值，认识动物、环境与人类之间密不可分的关系，从而建立情感联系。

（二）开展物种展示研究

多数动物园依据南方鹤鸵强大的攻击性和危险性，笼舍结构更倾向于模拟猛兽笼舍设计，难以展示南方鹤鸵作为雨林物种特有的美感。饲养实践证明，南方鹤鸵是热带雨林物种，其栖息地环境植物多样性非常丰富，森林、草地、沼泽都有其活动的身影。圈养实践证明，南方鹤鸵是害羞而温驯的动物，对笼舍内植物破坏性很小。模仿其栖息地特点进行笼舍设计，将提升动物园的展示吸引力和鹤鸵物种的魅力。

（三）开展营养、生理和病理等基础研究

中文期刊关于鹤鸵方面的研究论文为数不多，研究的领域主要在繁殖与行为方面。该物种研究的空白领域需要不断被填补。人工授精技术已经成功应用于包括平胸总目鸟类在内的多种禽类，但鹤鸵的人工授精到目前为止仍是空白。多家机构的鹤鸵出现不明原因羽毛大面积脱落，自行痊愈后，翌年同一季节羽毛再次脱落，病理原因和发病机理有待探索。鹤鸵火爆的性格导致骨折多发，骨折后的固定和护理是饲养管理中的难点。南方鹤鸵引入和运输存在明显风险，可开展激素水平与行为相关性研究，通过科学手段把握引入时机和运输的策略，降低操作风险。南方鹤鸵不同生理期以及不同气候条件下，食欲变化很大，易与病理性原因相混淆，可开展食欲下降的表象与维持健康内在机理的相关性研究。此外，环境丰容、自然繁育技术、种卵的储存技术、人工孵化技术、性别鉴定技术、饲料营养、保定技术以及感染疾病后的诊断、治疗与护理技术等多方面都需要开展深入研究。

附　　录

附录1　南方鹤鸵性别鉴定采样要求

1. 采样要求

（1）确保采集的样本不被其他样本污染。

（2）每个样本与个体相对应，并详细记录个体信息。

2. 样本要求

（1）血液样本　采集全血1mL，放入EDTA采血管（附图1）。

（2）羽毛样本　采集带毛囊的一级飞羽3根以上（附图2），带毛囊的背部或颈部羽毛则4根以上，只留根部放入干净的离心管内，密封标记。

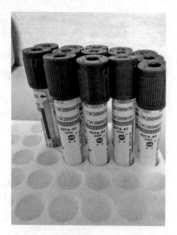

附图1　紫色EDTA采血管

（供图：陈蓉，2022）

附图2　采集背部羽毛

（供图：陈蓉，2019）

3. 运输要求

（1）样本采集当天，可将羽毛和血液样本（连同冰袋）以及记录的个体信息快递至南京市红山森林动物园兽医院。联系人及电话：陈蓉，025-85799061。

（2）如不能及时运输，请将样本于-20℃保存。

附录 2　南方鹤鸵的呼吸频率

阶段	样本数（只）	监测环境	呼吸频率（次/min）	数据来源
成年	8	平静状态	12～20	南京市红山森林动物园
	5	麻醉状态	13～24	Campbell，2014
亚成体	5	麻醉状态	30～35	Campbell，2014
	1	麻醉状态	2～11	南京市红山森林动物园
	1	麻醉状态	24～35	南京市红山森林动物园

附录 3　南方鹤鸵的心率

阶段	样本数（只）	监测环境	心率（次/min）	数据来源
成年	5	麻醉状态	45～85	Campbell，2014
亚成体	5	麻醉状态	42～88	Campbell，2014
2 岁	1	麻醉状态	100～150	南京市红山森林动物园
1.5 岁	1	麻醉状态	124～135	南京市红山森林动物园

附录 4　南方鹤鸵的体重

阶段	样本数（只）	监测环境	体重（kg）	数据来源
成年	5	麻醉状态	＞85	Campbell，2014
2 岁	1	麻醉状态	39.3	南京市红山森林动物园
1.5 岁	1	麻醉状态	25	南京市红山森林动物园
4 月龄	3	物理保定	7.3～9.6	南京市红山森林动物园

参 考 文 献

卜海侠，孙伟东，高志瑾，2015. 食火鸡的繁殖. 畜牧与兽医，47（3）：146-147.

卜海侠，王春香，2015. 圈养食火鸡夏季行为时间分配及日活动节律. 畜牧与兽医，47（12）：75-76.

陈蓉. 一种双锤鹤鸵性别分子鉴定方法及引物：中国，0843635.0.2020-06-09.

李春江，陈西军，孙占臣，等，2010. 鹅种蛋孵化经验介绍. 农村养殖技术（19）：23-24.

梁作敏，王国栋，闫涛，等，2018. 圈养条件下双垂鹤鸵的繁殖研究. 畜牧兽医科技信息（10）：20-21.

孙杨，王国栋，傅兆水，等，2020. 双垂鹤鸵人工育雏技术的初探. 野生动物学报，41（4）：1104-1108.

王春香，尹军力，2011. 食火鸡的饲养繁殖及生态行为观察. 畜牧与兽医，43（5）：110.

王烁，张蜀康，2008. 四种平胸鸟类蛋壳的微观结构比较及其意义. 四川动物，27（4）：493-495.

吴亚江，王晨，翟俊武，等，2021. 基于RASEF基因性别间序列变异的鹤鸵性别鉴定. 野生动物学报，42（1）：114-118.

徐飞，王国栋，孙杨，等，2021. 双垂鹤鸵的人工孵化技术. 野生动物学报，42（04）：1192-1197.

闫涛，李梅荣，王国栋，等，2018. 鹤鸵繁殖笼舍的基本设计要求. 野生动物学报，39（1）：173-176.

闫涛，祝朝怡，傅兆水，等，2020. 双垂鹤鸵人工孵化尝试和幼雏发育观察. 野生动物学报，41（3）：753-756.

约翰·科德，张敬，2016. 中国雉类及繁育技术. 北京：中国社会出版社.

张词祖，1981. 鹤鸵的繁殖. 野生动物（2）：22-24.

张恩权，李晓阳，古远，2018. 动物园野生动物行为管理. 北京：中国建筑工业出版社.

Abourachid A, Renous S, 2000. Bipedal locomotion in ratites (Paleognatiform)：examples of cursorial birds. Ibis, 142（4）：538-549.

Alexander W B, 1926. Notes on a Visit to North Queensland. Emu, 25：245-260.

Allentech Publications, 2004. Stellenbosch. In：Cooper R G, Mahroze K M. Anatomy and physiology of the gastro-intestinal tract and growth curves of the ostrich (Struthio camelus. Animal Science Journal, 75：491-498.

Angel C R, 1996. A review of ratite nutrition. Animal Feed Science Technology, 60：241-146.

Atasever A, Gumussoy K S, 2004. Pathological Clinical and mycological finding in experimental Aspergillosis infection of starlings. J. Vet. Med. Aphysiol. Patholclin. Med. Feb, 51 (1): 19 - 22.

Atchison N, Sumner J, 1991. Taronga's cassowaries on the move. Thylacinus, 16 (2).

Bateson P P G, 1964. An effect of imprinting on the perceptual development of domestic chicks. Nature, 202: 421 - 422.

Bauck L, 1995. Nutritional problems in pet birds. Seminars in Avian Exotic Pet Medicine, 4: 3 - 8.

Bellingham P J, 2008. Cyclone effects on Australian rain forests: An overview. Austral Ecology, 33: 580 - 584.

Bennett R A, Kuzma A B, 1992. Fracture management in birds. Journal of Zoo and Wildlife Medicine, 23 (1): 5 - 38.

Bentrupperbäumer J M, 1998. Reciprocal ecosystem impact and behavioural interactions between cassowaries, Casuarius casuarius and humans, Homo sapiensexploring the natural - human environment interface and its implications for endangered species recovery in north Queensland, Australia. Unpubl. PhD thesis. JamesCook University of North Queensland. Townsville. Berger A J, 1956. Anatomical Variation and Avian Anatomy. The Condor, 58: 433 - 441.

Biggs J R, 2012. Annual Report and Recommendations - Southern Cassowary. Report to Zoo and Aquarium Association. Cairns Tropical Zoo.

Biggs J R, 2013. Annual Report and Recommendations - Southern Cassowary. Report to Zoo and Aquarium Association. Cairns Tropical Zoo.

Biotropica, 2005. A framework to establish lowland habitat linkage for the southern cassowary Casuarius casuarius from Cairns to Cardwell, Report to the AustralianRainforest Foundation.

Birchard G F, Snyder G K, Black C P, et al, 1982. Humidity and successful artificial incubation of avian eggs: hatching the Cassowary at Denver Zoo, 22: 164 - 167.

BirdLife International, 2012. Casuarius casuarius. In: IUCN 2012. IUCN Red List of Threatened Species. Version 2012. 2. ＜www. iucnredlist. org＞. Downloaded on 07 March 2013.

Blue - McLendon A R, 1992. Clinical examination of ratites. Proc Assoc Avian Vet: 313 - 315.

Board R G, Scott V D, 1980. Porosity of the Avian Eggshell. American Zoologist, 20: 339 - 349.

Boles W, 1987. Alias Emu. Australian Natural History, 22: 215 - 216.

Bolhuis J J, 1991. Mechanisms of Avian Imprinting: A Review. Biological Reviews, 66: 303 - 345.

Bolhuis J J, 1999. Early learning and the development of filial preferences in the chick. Behavioural Brain Research, 98: 245 - 252.

Bolhuis J J, 2010. Imprinting. Corsini Encyclopedia of Psychology: 1 - 2.

Bradford M G, Dennis A J, Westcott D A, 2008. Diet and dietary preferences of the southern cassowary (*Casuarius casuarius*) in North Queensland, Australia. Biotropica, 40: 338 - 343.

Bradford M G. Westcott D A, 2010. Consequences of southern cassowary (*Casuarius casuarius* L.) gut passage and deposition pattern on the germination ofrainforest seeds. Austral Ecology, 35: 325 - 333.

Bradford M G, Westcott D A, 2011. Predation of cassowary dispersed seeds: is the cassowary an effective disperser? Integrative Zoology, 6: 168 - 177.

Brand Z, Brand T S, Brown C R, 2002. The effect of dietary and protein levels during a breeding season of ostriches (*Struthio camelus domesticus*) onproduction the following season. S. Afr. J. Anim. Sci. , 32: 226 - 230.

Brown C R, Peinke D, Loveridge A, 1996. Mortality in near - term ostrich embryos during artificial incubation. British Poultry Science, 37: 73 - 85.

Brown C, C King, 2005. Flamingo Husbandry Guidelines. American Zoo and Aquarium Association, Silver Spring, Maryland.

Cade T J, Fyfe R W, 1977. What makes peregrine falcons breed in captivity? In: Temple S A, Endangered birds: Management techniques for preservingthreatened species. University of Wisconsin Press. Madison. Wisconsin.

Campbell A J, Barnard H G, 1917. Birds of the Rockingham Bay District, North Queensland. Emu, 17: 2 - 5.

Campbell H A, Dwyer R G, Fitzgibbons S, et al, 2012. Prioritising theprotection of habitat utilised by southern cassowaries Casuarius casuarius johnsonii. Endangered Species Research, 17: 53 - 61.

Campbell H A, Dwyer R G, Sullivan S, et al, 2014. Chemical immobilisation and satellite tagging of free - living southern cassowaries. Australian Veterinary Journal: 240 - 245.

Cho P, Brown R, Anderson M, 1984. Comparative gross anatomy of ratites. Zoo Biology, 3: 133 - 144.

Cooper R G, 2001. Handling, Incubation, and Hatchability of ostrich (Struthio camelus var domesticus) eggs: a Review. Journal of Applied PoultryResearch, 3: 262 - 273.

Cooper R G, Erl - Wanger K, Mahrose K M A, 2005. Nutrition of ostrich (Struthio camelus var domesticus) breeder birds. Animal Science Journal, 76: 5 - 10.

Cooper R G, Mahroze K M, 2004. Anatomy and physiology of the gastro - intestinal tract and growth curves of the ostrich (*Struthio camelus*, Animal Science Journal, 75: 491 - 498.

Cornick - Seahorn J L, 1996. Anesthesiology of Ratites. In: Tully T N, Shane S M. Ratite Management, Medicine, and Surgery. Florida, Kreiger Publishing Company.

Cornick - Seahorn J L, 2000. Veterinary Anesthesia. Elsevier Australia.

Craig T M, Diamond L, 1996. Parasites of Ratites. In: Tully T N, Shane S M. Ratite Management, Medicine, and Surgery. Florida, Kreiger Publishing Company.

Crome F H J, 1976. Some Observations on the Biology of the Cassowary in North Queensland. Emu, 76: 8 - 14.

Crome F H J, Moore L A, 1990. Cassowaries in North - Eastern Queensland - Report of a Survey and a Review and Assessment of Their Status and Conservationand Management Needs. Australian Wildlife Research, 17: 369 - 385.

Crome F, 1993. Southern cassowary Casuarius casuarius (Linne, 1758). In Reader's Digest complete book of Australian birds: 46 - 47. Schodde R, Tidemann S C. Sydney: Reader's Digest, Australia.

Crome F, L Moore, 1988a. The cassowary's casque. Emu, 88: 123 - 124.

Crome F, L Moore, 1988b. The Southern Cassowary in North Queensland - A pilot study. CSIRO, Atherton Queensland.

Curio E, 1998. Behavior as a Tool for Management Intervention in Birds. In: Caro T M. Behavioral ecology and conservation biology. Oxford University Press, Oxford.

Davis M, 1935. Color Changes in the Head of the Single - Wattled Cassowary (Casuarius uniappendiculatus occipitalis). The Auk, 52: 178.

Dawson A, 1996. Neoteny and the thyroid in ratites. Reviews of Reproduction, 1: 78 - 81.

Department of Environment and Resource Management, 2007. Code of Practice of the Australasian Regional Association of Zoological Parks and Aquaria Minimumstandards for exhibiting wildlife in Queensland.

Department of Sustainability, Environment, Water, Population and Communities, 2012. Casuarius casuarius johnsonii In: Species Profile and Threats Database, Department of Sustainability, Environment, Water, Population and Communities, Canberra.

Department of the Environment and Heritage, 2004. The southern cassowary. Threatened species and communities.

Department of the Environment and Heritage, 2005a. Threat Abatement Plan for Predation, Habitat Degradation, Competition and Disease Transmission by Feral Pigs.

Department of the Environment and Heritage, 2006. Threat Abatement Plan for Reduction in Impacts of Tramp Ants on Biodiversity in Australia and its Territories.

Department of the Environment, Water, Heritage and the Arts, 2009. Significant Impact Guidelines for the endangered southern cassowary (Casuarius casuariusjohnsonii) Wet Tropics Population. EPBC Act policy statement 3. 15 (the Guidelines). Canberra, Australia.

Department of the Environment, Water, Heritage and the Arts, 2010. Survey Guidelines for Australia's Threatened Birds. EPBC Act survey guidelines, 6: 2.

Dhondt A A, Hochachka W M, 2001. Variations in calcium use by birds during the breeding season. Condor, 103: 592 - 598,.

Dierenfeld E S, 1989. Vitamin E Deficiency in Zoo Reptiles, Birds, and Ungulates. Journal of Zoo and Wildlife Medicine, 20 (1): 3 - 11.

Dierenfeld E S, 1997. Captive wild animal nutrition: a historical perspective. Proceedings of the Nutrition Society, 56: 989 - 999.

Dolensk E, Brunning D, 1978. Ratites. In: Fowler M E. Zoo and Wild Animal Medicine 1st edn. W B Saunders Company, Philadelphia: 167 - 180.

Dubey J P, 2002. A review of toxoplasmosis in wild birds. Veterinary Parasitology, 106: 121 - 153.

Dubey J P, Scandrett W B, Kwok O C H, et al, 2000. Prevalence of Antibodies to Toxoplasma gondii in Ostriches (*Struthio camelus*). Journal of Parasitology, 86 (3): 623 - 624.

Duke G E, 1997. Gastrointestinal physiology and nutrition in wild birds. Proceedings of the Nutrition Society, 56: 1049 - 1056.

Ebenhard T, 1995. Conservation breeding as a tool for saving animal species from extinction. Trends in Ecology & Evolution, 10: 438 - 442.

Elphick C S, Reed J M, Delehanty D J, 2007. Applications of Reproductive Biology to Bird Conservation and Population Management, In: Reproductive Biologyand Phylogeny of Aves (Birds). B G M Jamieson. Science Publishers, Enfield, New Hampshire.

Ensley P K, Launer D P, Blasingame J P, 1984. General Anesthesia and Surgical Removal of a Tumor - like Growth from the Foot of a Double - Wattled Cassowary. The Journal of Zoo Animal Medicine, 15 (1): 35 - 37.

Farner D S, Wingfield J C, 1980. Reproductive Endocrinology of Birds. Annual Review of Physiology, 42: 457 - 472.

Fisher G D, 1968. Breeding Australian cassowaries Casuarius casuarius at Edinburgh Zoo. International Zoo Yearbook, 8: 153 - 156.

Fowler M E, 1991. Comparative Clinical Anatomy of Ratites. Journal of Zoo and Wildlife Medicine, 22 (2): 204 - 227.

Fowler M E, 1996. Clinical Anatomy of Ratites In: Tully T N, Shane S M. Ratite Management, Medicine, and Surgery. Kreiger Publishing Company, Malabar, Florida.

Fox M W, 1969. Behavioral Effects of Rearing Dogs with Cats during the Critical Period of Socialization. Behaviour, 35: 273 - 280.

Frizelle E D, 1913. In: White H L. Notes on the Cassowary (*Casuarius australis*, Wall). Emu, 12: 172 - 178.

Gandini G C, Burroughs R E, Ebedes H, 1986. Preliminary investigation into the nutrition of ostrich chicks (*Struthio camelus*) under intensive conditions. Journal of the South African Veterinary Association, 57: 39 - 42.

Garnet S T, Szabo J K, Dutson G, 2011. The action plan for Australian Birds 2010. Birds Australia, Collingwood, Victoria: CSIRO Publishing.

Gee G F, 1995. Avian Reproductive Physiology. In: Sheppard C. Captive Propagation and

Avian Conservation. In: Gibbons E F, Durrant B S, Demarest J. Conservation of endangered species in captivity: an interdisciplinary approach. State University of New York Press, Albany, United States of America.

Glatz P C, Miao Z H, 2008. Husbandry of ratites and potential welfare issues: a review. Australian Journal of Experimental Agriculture, 48: 1257 - 1265.

Graul W D, Derrickson S R, Mock D W, 1977. The Evolution of Avian Polyandry. The American Naturalist, 111: 812 - 816.

Greene S A, 2002. Veterinary Anesthesia and Pain Management Secrets. Philadelphia. Hanley &. Belfus, Inc.

Griner L, 1984. In: Cho P, Brown R, Anderson M. Comparative gross anatomy of ratites. Zoo Biology, 3: 133 - 144.

Göritz V F, Hildebrandt T, Hermes R, et al, 1997. Immobilisation und Transintestinale Sonographie bei Kasuaren. Verh. ber. Erkrg. Zootiere, 38: 181 - 186.

Hall C, 2012. Australasian Regional Double - wattled Cassowary Studbook Casuarius casuarius. Zoo and Aquarium Association.

Hanford P, Mares M A, 1985. The mating systems of ratites and tinamous: an evolutionary perspective. The Linnean Society of London: 77 - 104.

Harvey N C, Farabaugh S M, Druker B B, 2002, Effects of early rearing experience on adult behavior and nesting in captive Hawaiian crows (*Corvushawaiiensis*). Zoo Biology, 21: 59 - 75.

Heard D J, 1997. Avian Respiratory Anatomy and Physiology. Seminars in Avian and Exotic pet Medicine, 6 (4): 172 - 179.

Heilmann G, 1926. The Origin of Birds. In: Fisher H I. The Occurrence of Vestigial Claws on the Wings of Birds. American Midland Naturalist, 23 (1): 234 - 243.

Heitmeyer M E, Fredrickson L H, 1990. Fatty acid composition of wintering female mallards in relation to nutrient use. Journal Wildlife Management, 54: 54 - 61.

Hermes J C, 1996. Raising Ratites: Ostriches, Emu and Rheas. A Pacific Northwest Extension Publication. Retrieved 2011 from. http: //extension. oregonstate. edu/catalog/ pdf/pnw/pnw494 - e. pdf.

Hermes R, Hildebrandt T B, Göritz V F, 2004. Reproductive problems directly attributable to long - term captivity - asymmetric reproductive aging. Animal Reproduction Science: 49 - 60, 82 - 83.

Hibbard C, 2001. Program Outline - Southern Cassowary. Zoo and Aquarium Association. Hicks - Alldredge, K. D. Reproduction. In: Tully T N, Shane S M. Ratite Management, Medicine, and Surgery. Florida. Krieger Publishing Company.

Hildebrandt T B, Göritz V F, 2006. Ultrasonography: an important tool in captive breeding management in elephants and rhinoceroses. European Journal of Wildlife Research, 52: 23 - 27.

Hildebrandt T B, Hermes R, Göritz V F, 2000. Ultrasonography as an Important Tool for the Development and Application of Reproductive Technologies in Non – domestic Species. Theriogenology, 53: 73 – 84.

Hindwood K A, 1962. Nesting of the Cassowary. Emu, 61: 283 – 284.

Hopton D, 1992. Breeding Southern Cassowaries Casuarius casuarius at Adelaide Zoo. In: Romer L. Cassowary Husbandry Manual, Proceedings of February 1996 Workshop. Currumbin Sanctuary, Currumbin.

Horwich R H, 1989. Use of surrogate parental models and age periods in a successful release of hand – reared sandhill cranes. Zoo Biology, 8: 379 – 390.

Horwich R H, 1996. Imprinting, Attachment, and Behavioral Development in Cranes. In: Ellis D H, Gee G F, Mirande C M. Cranes: Their Biology, Husbandryand Conservation. Hancock House Pub Limited. Cornell University.

Houston D C, 1997. Nutritional constraints on egg production in birds. Proceedings of the Nutrition Society, 56: 1057 – 1065.

Howard L L, Papendick R, Stalis I H, et al, 1999. Benzimidazole Toxicity in Birds. Annual Meetingof the American Association of Zoo Veterinarians, Columbus, Ohio: 36.

Immelmann K, 1975. Ecological Significance of Imprinting and Early Learning. Annual Review of Ecology and Systematics, 6: 15 – 37.

James R Biggs, 2013. Captive Management Guidelines for the Southern Cassowary *Casuarius casuarius johnsonii*. Cairna Tropical Zoo.

Jeffrey J S, Martin G P, Fanguy R C, 2007. The Incubation of Ratite Eggs. ［Online］. 〈http: //posc. tamu. edu/library/extpublications/Incubation％ 20of％ 20Ratite％ 20Eggs. pdf〉 Viewed 2008.

Jenni D A, 1974. Evolution of Polyandry in Birds. American Zoology, 14: 129 – 144.

Jones C G, 2004. Conservation management of endangered birds. In: Sutherland W J, Newton I, Green R E. Bird Ecology and Conservation – A Handbook of Techniques. Oxford University Press. New York, United States of America.

Kenny D, Cambre R C, 1992. Indications and Technique for the Surgical Removal of the Avian Yolk Sac. Journal of Zoo and Wildlife Medicine, 23 (1): 55 – 61.

Kent P, Bewg S, 2010. Emu reproduction. Retrieved December 20, 2011 from http: // www. dpi. qld. gov. au/27 _ 2716. htm.

Kent P, Trappett P, 2010. Ratites (emus and ostriches) – brooding. Retrieved January 03, 2012 from http: //www. dpi. qld. gov. au/27 _ 2719. htm.

Kinde H, 1988. A Fatal Case of Oak Poisoning in a Double – Wattled Cassowary (Casuarius casuarius) Avian Diseases, 32 (4): 849 – 851.

Kirkwood J, 1991. Energy Requirements for Maintenance and Growth of Wild Mammals, Birds and Reptiles in Captivity. J. Nutr, 121: 29 – 34.

Klasing K C, 1998. Comparative Avian Nutrition. In: Sales J. Nutrition of Double – wattled

Cassowaries Casuarius casuarius. Zoos Print Journal，21 (3)：2193 - 2196.

Kofron C P，1999. Attacks to humans and domestic animals by the Southern cassowary (Casuarius casuarius johnsonii) in Queensland，Australia. Journal of Zoology，249：375 - 381.

Kofron C P，Chapman A，2006. Causes of Mortality to the Endangered Southern Cassowary Casuarius casuarius johnsonii in Queensland，Australia [online] . Pacific Conservation Biology，12 (3)：175 - 179.

Kreger M D，Estevez I，Hatfield J S，et al，2004. Effects of rearing treatment on the behavior of captive whooping cranes (Grus Americana). Applied Animal Behaviour Science，89：243 - 261.

Kuehler C，Good J，1990. Artificial incubation of bird eggs at the Zoological Society of San Diego. International Zoo Yearbook，29：118 - 136.

Kutt A S，King S，Garnett S T，Latch P，2004. Distribution of cassowary habitat in the Wet Tropics bioregion，Queensland. Technical Report，Environmental Protection Agency，Brisbane.

LaGreco N，2010. North American Regional Double - wattled Cassowary Studbook Casuarius casuarius. Association of Zoos and Aquariums.

Lammers J，2010. European Regional Double - wattled Cassowary Studbook Casuarius casuarius. European Association of Zoos and Aquaria.

Lane M B，McDonald G，2002. Crisis，change，and institutions in forest management：the Wet Tropics of Northeastern Australia. Journal of Rural Studies，18 (3)：245 - 256.

Latch P，2007. National recovery plan for the southern cassowary Casuarius casuarius johnsonii. Report to Department of the Environment，Water，Heritage andthe Arts，Canberra. Environmental Protection Agency.

Lavery H J，Seton D，Bravery J A，1968. Breeding Seasons of Birds in North - eastern Australia. Emu，68：133 - 147.

Leon H，Craig D M，David M L，2002. A DNA test to sex ratite birds. Molecular Ecology，11：851 - 856.

Leus K，2011. Captive Breeding and Conservation. Biodiversity Conservation in the Arabian Peninsula Zoology in the Middle East，Supplementum，3：151 - 158.

Lickliter R，Dyer A B，McBride T，1993. Perceptual consequences of early social experience in precocial birds. Behavioural Processes，30：185 - 200.

Lickliter R，Gottlieb G，1986. Visually imprinted maternal preference in ducklings is redirected by social interaction with siblings. Developmental Psychobiology，19：265 - 277.

Lickliter R，Harshaw C，2010. Canalization and Malleability Reconsidered - the developmental basis of phenotypic stability and variability. In：Hood K E，Tucker.

Liz Romer，1997. Cassowary Husbandry Manual. Currumbin Sanctuary.

Macgillivray W，1917. Ornithologists in North Queensland. Emu，17：63 - 86.

Machin K L, 2005. Avian Analgesia. Seminars in Avian and Exotic Pet Medicine, 14: 236 - 242.

Mack A L, Druliner G, 2003. A Non - Intrusive Method for Measuring Movements and Seed Dispersal in Cassowaries. Journal of Field Ornithology, 74: 193 - 196.

Mack A L, Jones J, 2003. Low - Frequency Vocalizations by Cassowaries (*Casuarius* spp.) The Auk, 120: 1062 - 1068.

Macwhirter P, 2000. Basic Anatomy Physiology and Nutrition. In: Tully T N, Lawton M P C, Dorrenstein G M. Avian Medicine. Butterworth Heinemann, Oxford, UK.

Malecki I A, Martin G B, O'Malley P J, et al, 1998. Endocrine and testicular changes in a short - day seasonally breeding bird, the emu (*Dromaius novaehollandiae*), in southwestern Australia. Animal Reproduction Science, 53: 143 - 155.

Malecki I A, Rybnik P K, Martin G B, 2008. Artificial insemination technology for ratites: a review. Australian Journal of Experimental Agriculture, 48: 1284 - 1292.

Manion P, Kent P, 2010. Emus - Nutritional requirements for breeding. Department of Primary Industries and Fisheries. Queensland, Australia. viewed December 2011. <http://www. dpi. qld. gov. au/27 _ 2720. htm>.

Mans C, Taylor W M, 2008. Update on Neuroendocrine Regulation and Medical Intervention of reproduction in birds. The Veterinary Clinics of North America. Exotic Animal Practice, 11: 83 - 105.

Marchant S, Higgins P J, 1990. Handbook of Australian, New Zealand and Antarctic Birds. Volume One - Ratites to Ducks. Melbourne, Victoria: Oxford University Press.

McKey D, 1975. The ecology of coevolved seed dispersal systems. In: Coevolution of animals and plants. Gilbert L E, Raven P. University of Texas Press, Austin: 159 - 191.

McPhee M E, 2003. Generations in captivity increases behavioural variance: considerations for captive breeding and reintroduction programs. BiologicalConservation, 115: 71 - 77.

Meretsky V, Snyder N F R, Beissinger S R K, et al, 2001. Quantity versus Quality in California Condor Reintroduction: Reply to Beresand Starfield. Conservation Biology, 15: 1449 - 1451.

Monika K, Agnieszka C, Marcin W, et al, 2015. Avian tuberculosis in a captive cassowary (*Casuarius casuarius*). Bull Vet Inst Pulawy: 483 - 487.

Moore L A, 2007. Population ecology of the southern cassowary Casuarius casuarius johnsonii, Mission Beach north Queensland. Journal of Ornithology, 148 (3): 357 - 366.

Mouser D, 1996. Restraint and Handling of the Emu. In: Tully T N, Shane S M. Ratite Management, Medicine, and Surgery. Kreiger Publishing Company, Malabar, Florida.

Murphy M E. King J R, 1982. Semi - synthetic diets as a tool for nutritional ecology. Auk, 99: 165 - 167.

Myers S A, Millam J R, Roudybush T E, et al, 1988. Reproductive success of hand - reared vs. parent - reared cockatiels (Nymphicus hollandicus). The Auk, 105: 536 - 542.

Namh K H, 2001. Effects of storage length and weight loss during incubation on the hatchability of ostrich eggs Struthio camelus. Poultry Science, 80: 1667 - 1670.

Navarro J L, Martella M B, 2011. Ratite Conservation: Linking Captive - Release and Welfare. In: Glatz P, Lunam C, Malecki I. The Welfare of Farmed Ratites. Animal Welfare, 11: 237 - 258.

Nicholls P K, Bailey T, Lampen F, 2008. Post - mortem examination and biomedical reference collections. In: Bailey, Tom, Diseases and medical managementof houbara bustards and other otitidae. Emirates Printing Press LLC, Dubai: 171 - 184.

Noble J C, 1991. On ratites and their interactions with plants. Revista Chilena de Historia Natural, 64: 85 - 118.

North A J, 1913. On the early history of the Australian Cassowary (Casuarius australis, Wall). Records of the Australian Museum, 10: 39 - 48.

Orosz S E, Mullins J D, Patton S, 1992. Evidence of Tozoplasmosis in Two Ratites. Journal of the Association of Avian Veterinarians, 6: 219 - 222.

Proctor H C, 2001. Megninia casuaricola sp. N, (Acari: Analgidae), the first feather mite from a cassowary (Aves: Struthioniformes: Casuariidae). Australian Journalof Entomology, 40: 335 - 341.

Pycraft W P, 2009. On the morphology and phylogeny of the Palaeognathae (Ratitae and Crypturi) and Neognathae (Carinatae), Transactions of the Zoological Society of London, 15: 149 - 290.

Queensland Parks and Wildlife Service, 2002. Recovery plan for the southern cassowary Casuarius casuarius johnsonii 2001 - 2005. Queensland Parks and Wildlife Service, Brisbane.

Rand A L, 1950. Feather Replacement in Cassowaries, Casuarius. The Auk, 67 (3): 378 - 379.

Reece R L, Beddome V D, Barr D A, et al, 1992. Common Necropsy Findings in Captive Birds in Victoria, Australia (1978 - 1987. Journal of Zoo and Wildlife Medicine, 23 (3): 301 - 312.

Reissig E C, Uzal F A, Schettino A, et al, 2002. Pulmonary aspergillosis in a great rhea (Rhea americana). Avian Diseases, 46 (3): 754 - 756.

Reynolds S J, Perrins C M, 2010. Dietary Calcium Availability and Reproduction in Birds, In: Current Ornithology, 17: 31 - 74.

Richardson K C, 1991. The bony casque of the Southern Cassowary Casuarius casuarius. Emu, 91: 56 - 58.

Riddell C, 1987. Avian Histopathology. In: Reissig E C, Uzal F A, Schettino A, Robles C A. Pulmonary aspergillosis in a great rhea americana. Avian Diseases, 46 (3): 754 - 756.

Romer L, 1997. Cassowary Husbandry Manual, Proceedings of February 1996 Workshop. Currumbin Sanctuary, Currumbin.

Rothschild B M, Ruhli F R, 2007. Comparative Frequency of Osseous Macroscopic

Pathology and First Report of Gout in Captive and Wild - caught Ratites. Journal of Veterinary Medicine Series A, 54: 265 - 269.

Rothschild L W, 1900. A monograph of the genus Casuarius. Zoological Society of London, London.

Sales J, 2002. Feeding Guidelines for Ratites in Zoos. Retrieved July 9, 2012, from http: // www. eznc. org/docs/Ratitestandard2. pdf.

Sales J, 2006. Nutrition of Double - wattled Cassowaries Casuarius casuarius. Zoos Print Journal, 21 (3): 2193 - 2196.

Sales J, 2009. Current conservation status of Ratites. Journal of Threatened Taxa, 1 (1): 9 - 16.

Schulze H, 1998. Developing a husbandry manual to facilitate the distribution and presentation of information: with special reference to Slender loris Loristardigradus nordicus at Ruhr University, Bochum. International Zoo Yearbook, 36: 34 - 48.

Scott J M, Carpenter J W, 1987. Release of captive - reared or translocated endangered birds: what do we need to know? Auk, 104: 544 - 545.

Shane S M, Tully T N, 1996. Infectious Diseases. In: Tully T N, Shane S M. Ratite Management, Medicine, and Surgery. Florida. Krieger Publishing Company.

Sharland M, 1970. Bird Observer, 459: 1 - 3.

Sheppard C, 1995. Captive Propagation and Avian Conservation. In: Gibbons E F, Durrant B S, Demarest J. Conservation of endangered species incaptivity: an interdisciplinary approach. State University of New York Press, Albany, United States of America.

Smallwood J E, 2010. Selected topics in avian anatomy. Presentation to Wildlife Rehabilitators of North Carolina January: 30.

Smith W A, Sales J, 1995. Feeding and feed management. In: Smith WA, Practical Guide for Ostrich Management and Ostrich Products: 8 - 12.

Speer B, 2006. Ratite Medicine and Surgery. Proceedings of the North American Veterinary Conference Volume. Orlando, Florida.

Spencer A, 2010. Artificial incubation of eggs. Retrieved December 14, 2011 from http: // www. dpi. qld. gov. au/27 _ 11904. htm.

Spencer A, 2010. Incubation - producing and selecting eggs. Retrieved December 14, 2011 from http: //www. dpi. qld. gov. au/27 _ 11906. htm.

Stefan G, 1990. Sedation and Anesthesia of Casuarius sp. Journal of the Association of Avian Veterinarians, 4 (3): 156 - 157.

Stephens F, 1981. Bird Observer, 599: 103.

Stevens C E, Hume I D, 1995. Comparative Physiology of the Vertebrate Digestive System. Rnd ed. New York, Cambridge University Press.

Stewart J S, 1994. Ratites. In: Ritchie B W, Harrison G J, Harrison L R. Avian Medicine: Principles and Application. Florida. Wingers Publishing Inc: 1284 - 1326.

Stewart J S, 1996. Hatchery Management in Ostrich Production. In: Tully T N, Shane S M. Ratite Management, Medicine, and Surgery. Florida. Krieger Publishing Company.

Stocker G C, Irvine A K, 1983. Seed Dispersal by Cassowaries (*Casuarius casuarius*) in North Queensland's Rainforests. Biotropica, 15 (3): 170 - 176.

Stoskopf M J, Beall F B, Ensley P K, et al, 1982. Immobilization of Large Ratites: Blue Necked Ostrich (*Struthio camelus austrealis*) and Double Wattled Cassowary (*Casuarius casuarius*): With Hematologic and Serum Chemistry Data. The Journal of Zoo Animal Medicine, 13 (4): 160 - 168.

Stott K, 1948. Notes on the Longevity of Captive Birds. The Auk, 65 (3): 402 - 405.

Thomas A D, Forbes - Faulkner J C, Speare R, et al, 2001. Salmonelliasis in Wildlife From Queensland. Journal of Wildlife Diseases, 37 (2): 229 - 238.

Tully T N, Shane S M, 1996b. Husbandry practices as related to infectious and parasitic diseases of farmed ratites.

Tully T N, Shane S M, 1996. Ratite Management, Medicine, and Surgery. Florida. Krieger Publishing Company.

Unwin S, 2004. Physical and Anaesthetic Restraint of Macropods, Koalas and Cassowaries - Some Practical Tips. European Association of Zoo and Wildlife Veterinarians (EAZWV) 5th scientific meeting, May 19 - 23 2004, Ebeltoft, Denmark.

Utt A C, Harvey N C, Hayes W K, et al, 2008. The effects of rearing method on social behaviours of mentored, captive - reared juvenile Californiacondors. Zoo Biology, 27: 1 - 18.

Uzun M, Onder F, Atalan G, et al, 2006. Effects of xylazine, medetomidine, detomidine, and diazepam on sedation, heart andrespiratory rates, and cloacal temperature in rock partridges (*Alectoris graeca*). Journal of Zoo and Wildlife Medicine, 37 (2): 135 - 140.

Valutis L L, Marzluff J M, 1999. The Appropriateness of Puppet - Rearing Birds for Reintroduction. Conservation Biology, 13: 584 - 591.

Vidal J, 1980. The relations between filial and sexual imprinting in the domestic fowl: Effects of age and social experience. Animal Behaviour, 28: 880 - 891.

Wade J R, 1996. Restraint and Handling of the Ostrich. In: Tully T N, Shane S M. Ratite Management, Medicine, and Surgery. Kreiger Publishing Company, Malabar, Florida.

Wagner W M, Kirberger R M, 2001. Transcutaneous Ultrasonography of the Coelomic Viscera of the Ostrich (*Struthio camelus*). Veterinary Radiology & Ultrasound, 42: 546 - 552.

Wallace M P, 1994. Control of behavioral development in the context of reintroduction programs for birds. Zoo Biology, 13: 491 - 499.

West G, Heard D, Caulkett N, 2007. Zoo Animal and Wildlife Immobilization and Anesthesia. Iowa, USA. Blackwell Publishing.

Westcott D A, Bentrupperbäumer J, Bradford M G, et al, 2005. Incorporating disperser movement and behaviour patterns into models of seeddispersal. Oecologia，146：57 - 67.

Westcott D A，Setter M，Bradford M G，et al，2008. Cassowary dispersal of the invasive pond apple in a tropical rainforest： the contributionof subordinate dispersal modes in invasion. Diversity and Distributions，14：432 - 439.

Westcott D，Reid K，2002. Use of medetomidine for capture and restraint of cassowaries (*Casuarius casuaris*). Australian Veterinary Journal，80：150 - 153.

White H L，1913. Notes on the Cassowary. Emu，12：172 - 178.

Whitehead M，Mason G，1997. Notes on the Double - wattled cassowary at Twycross Zoo，U. K and elsewhere. In： Romer L. Cassowary Husbandry Manual，Proceedings of February 1996 Workshop. Currumbin Sanctuary，Currumbin.

Williams S E，Pearson R G，1997. Historical rainforest contractions，localized extinctions and patterns of vertebrate endemism in the rainforests of Australia'swet tropics. Proceedings of the Royal Society B： Biological Sciences，264 (1382)：709 - 716.

Wilson H R，1997. Effects of maternal nutrition on hatchability. Poultry Science，76：134 - 143.

Wilson H R，2007. Incubation and Hatching of Ratites. Retrieved 2011 from http： // en. engormix. com/MA - poultry - industry/articles/incubation - hatching - ratitest 840/p0. htm.

Worrell K，Drake B，Krauss R，1975. Breeding the Australian cassowary at the Australian Reptile Park，Gosford. International Zoo Yearbook，15：94 - 97.

Young R J，1997. Designing environmental enrichment devices around species - specific behaviour. Pages 195 - 204 in B. Hoist，editor. Second International Conference on Environmental Enrichment. Copenhagen，Denmark.

彩图 1　南方鹤鸵
（供图：周雪阳，2022）

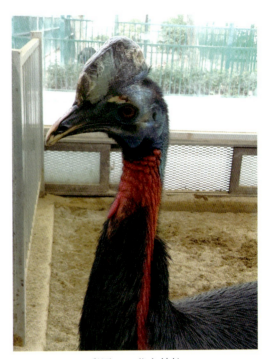

彩图 2　北方鹤鸵
（供图：丁爱萍，2022）

彩图 3　成年雄南方鹤鸵
（供图：王正平，2022）

1 日龄 2 月龄

4 月龄 8 月龄

12 月龄 24 月龄

彩图 4　南方鹤鸵各成长阶段形态

（1 日龄、2 月龄供图：徐飞，2022；4 月龄供图：田亚琼，2021；
8 月龄供图：田亚琼，2022；12 月龄供图：王正平，2022；24 月龄供图：任玉铭，2022）

北方鹤鸵分布

侏鹤鸵分布

南方鹤鸵分布

彩图 5　鹤鸵分布

（图引自：IUCN，2022）

彩图 6　南方鹤鸵的卵

（供图：闫涛，2019）

彩图 7　雌南方鹤鸵休息姿势
（供图：周雪阳，2022）

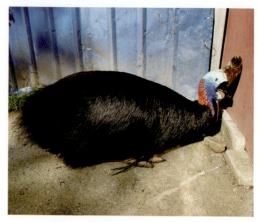

彩图 8　雌南方鹤鸵接受交尾姿势
（供图：周雪阳，2022）

彩图 9　雄南方鹤鸵交尾之前颈部膨胀
（图引自：Biggs，2013）

彩图 10　雄南方鹤鸵交尾前用爪抚摸雌性的臀部
（供图：杨晓宇，2018）

彩图 11　雄南方鹤鸵在求偶时梳理雌性颈部的羽毛
（供图：杨晓宇，2018）

彩图 12　交尾前雄南方鹤鸵骑在雌性后背
（供图：赵玲玲，2017）

彩图 13　南方鹤鸵未受精卵
（供图：徐飞，2019）

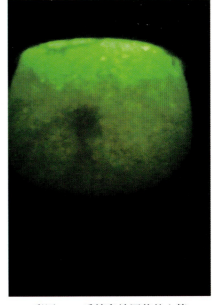

彩图 14　受精卵蛛网状的血管
（供图：徐飞，2019）

彩图 15　将人工孵化的雏鸟引入给正在育雏的雄鸟

（供图：李梅荣，2017）

彩图 16　南方鹤鸵室外笼舍植被

（供图：周雪阳，2022）

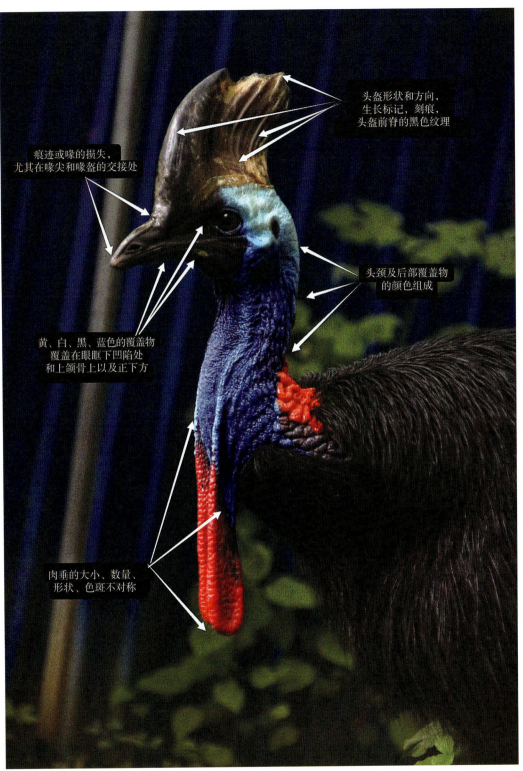

头盔形状和方向，
生长标记，刻痕，
头盔前脊的黑色纹理

痕迹或喙的损失，
尤其在喙尖和喙盔的交接处

头颈及后部覆盖物
的颜色组成

黄、白、黑、蓝色的覆盖物
覆盖在眼眶下凹陷处
和上颌骨上以及正下方

肉垂的大小、数量、
形状、色斑不对称

彩图 17　用于个体识别的南方鹤鸵形态特征
（供图：周雪阳，2022）

彩图 18　1 月龄雌南方鹤鸵

（供图：章小小，2019）

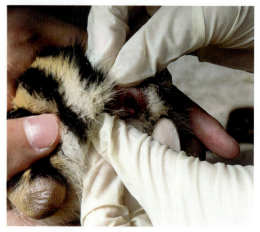

彩图 19　1 月龄雄南方鹤鸵

（供图：章小小，2019）

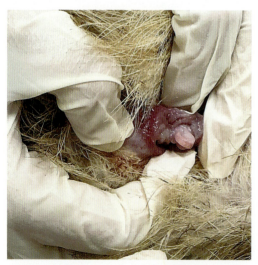

彩图 20　3 月龄雌南方鹤鸵

（供图：章小小，2019）

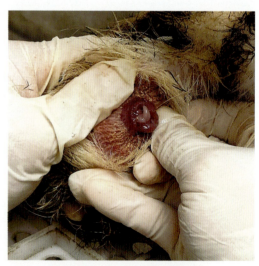

彩图 21　3 月龄雄南方鹤鸵

（供图：章小小，2019）

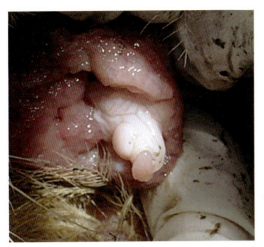

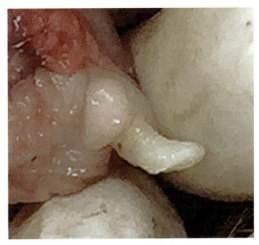

彩图 22　5 月龄雌南方鹤鸵
（供图：陈蓉，2019）

彩图 23　5 月龄雄南方鹤鸵
（供图：陈蓉，2019）

彩图 24　南方鹤鸵吹注麻醉药的理想姿势和
部位（"×"所示）
（供图：周雪阳，2022）

彩图 25　南方鹤鸵内侧跖静脉采血
（供图：李梅荣，2017）

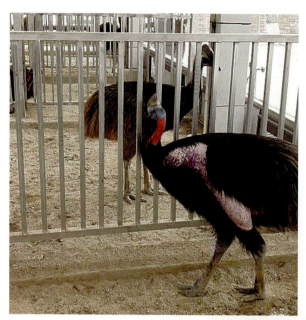

彩图 26　非对称性羽毛脱落
（供图：丁爱萍，2020）

彩图 27　抗酸杆菌的显微照片
（Ziehl-Neelsen 染色）
（图引自：Krajewska，2015）

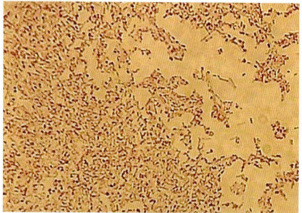

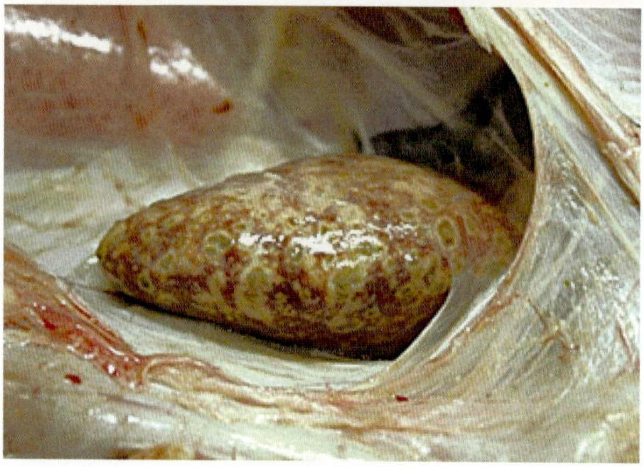

彩图 28　患禽结核病南方鹤鸵
的脾脏
（图引自：Krajewska，2015）

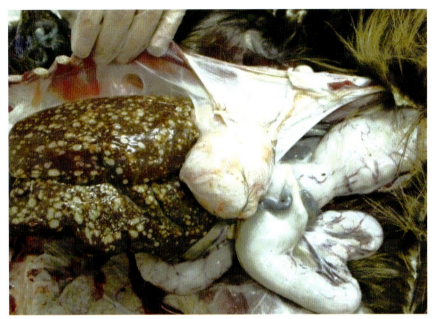

彩图 29　患禽结核病南方鹤鸵的肝脏

（图引自：Krajewska，2015）

彩图 30　南方鹤鸵喙损伤

（供图：陈圆圆，2018）

免 责 声 明